Daniela Schwegler | Stephan Bösch

Landluft

Daniela Schwegler | Stephan Bösch

Landluft

Bergbäuerinnen im Porträt

Rotpunktverlag.

Meinen Eltern Esther und Hans

FSC
www.fsc.org
MIX
Papier aus verantwortungsvollen Quellen
FSC® C014889

www.rotpunktverlag.ch

Fotos: Alle Bilder sind von Stephan Bösch.
(Ausnahme: Die Bilder auf den Seiten 41, 85, 104 links und oben, 105 oben, 121, 126 unten, 149, 205 und 210 oben sind von Daniela Schwegler.)

Umschlagfoto: Stephan Bösch

Gestaltung: Patrizia Grab

Bildbearbeitung: Widmer & Fluri GmbH, Zürich

Druck: Friedrich Pustet, Regensburg

ISBN 978-3-85869-752-3

1. Auflage 2017

Inhalt

Schwendihalde
Schwendi bei Heiden (AR)
700 m

Biohof, Bergzone 1
3 ha

3 Geißen
7 Mutterschafe mit Lämmern
2 Kühe
1 Kalb
1 Hund
1 Katze
2 Enten

Schwendihalde

Der Blick fällt ins Rheintal und auf den Hügelzug vis-à-vis, wo die Wälder in herbstlich warmen Tönen leuchten. Darunter ruht das dreihundert Jahre alte, mit neuen Holzschindeln ummantelte Häuschen am Hang. Klein aber fein ist der Hof von Sandra, 40, und Stefan Böhm in der Schwendi bei Heiden. In sanfte Appenzeller Hügel eingebettet, liegt der drei Hektar große Betrieb mit dem überschaubaren Acker, auf dem sie in Handarbeit Biogemüse anbauen – fast wie zu Gotthelfs Zeiten. Zwei Enten picken nach Schnecken im Gras. Hirtenhündin Aglaya springt umher. Die Kühe sind oben im alten Stall, und die Geißen und Schafe weiden im Rebhang des benachbarten Dörfchens Thal auf Herbstgras. Das ist das kleine Paradies der sechsköpfigen Familie mit Nesthäkchen Valerie, 2, und ihren Geschwistern Lorenz, 4, Aurelia, 8, und Linus, 10.

Heute ist Gemüseauslieferungstag. Das Biogemüse liefern Sandra und Stefan knackig und erntefrisch direkt an ihre Kunden aus. Mit den beiden Kleinen auf dem Autorücksitz klappert Sandra einen Haushalt nach dem anderen ab, stellt die Gemüsetaschen vor die Türen und kommt, unterwegs durch die Appenzeller Hügel, an schmucken Gehöften vorbei, locker in der Landschaft verstreut, als habe ein Riese sie aus seinem Sack gewürfelt.

Über abenteuerlich geschlängelte Strässchen führt der Weg. Und wie Sandra von Wienacht über den Hügelrücken nach Tobel fährt, eröffnet sich ein zauberhafter Weitblick. Nebel liegt über dem Rheintal wie Zuckerwatte und schmiegt sich an die Hänge, die aus dem weiten Wattemeer auftauchen.

Sandra Böhm

Biodynamische Landwirtschaftslehre, Primarlehrerin

Unterwegs gerät Sandra ins Schwärmen.

Der Natursteinkeller in unserem dreihundert Jahre alten Haus ist ideal, um unser Wurzelgemüse zu lagern. Es ist immer schön kühl dort, ein bisschen feucht, und es gefriert nie. Für uns ist es ein Glücksfall, dass wir nicht noch irgendwo einen Kühlraum einbauen mussten. Und so ist es mit ganz vielen Dingen hier, es stimmt einfach! Barer Zufall und pures Glück *(lacht)!*

Jeden Dienstag ernten wir das Gemüse, bringen es in den Keller und verpacken es dort in Taschen: die Standard-Taschen für dreißig Franken mit viel Gemüse für Familien, die Taschen für zwanzig Franken für Paare, und die für fünfzehn Franken für Einzelpersonen. Es ist uns wichtig, dass wir das Gemüse direkt ab dem Acker verkaufen. Das macht für mich die Qualität aus, dass es nicht erst noch eine Woche im Kühlraum liegt.

Wenn man so klein ist wie wir mit unseren drei Hektar und trotzdem von der Landwirtschaft leben will, dann geht's nur mit Gemüse.

Wir haben zwischen siebzig und achtzig Kunden und bieten das Gemüse an, das unsere Felder gerade hergeben: Pastinaken, Schwarzwurzeln, Broccoli, Blumenkohl, Tomaten, Peperoni, Gurken, Bohnen, Kefen, Erbsen … Im Januar und Februar pausieren wir, und ab März geht's wieder los mit frischen Salaten aus unseren Treibhaustunnels. Dazu gibt's zu Beginn des Frühlings noch viele Lagersorten: Rüebli, Sellerie, Kartoffeln. Das Abo-System haben wir nun schon seit zehn Jahren. Wenn man so klein ist wie wir mit unseren drei Hektar und trotzdem von der Landwirtschaft leben will, dann geht's nur mit Gemüse. Die Erträge pro Fläche sind damit viel, viel größer als mit Tieren.

Das System mit Gemüse-Direktlieferservice lernten Ste und ich in der Lehre kennen. Wir machten beide die vierjährige biodynamische Demeter-Landwirtschaftsausbildung. Während unserer gemeinsamen Zeit auf der Alp Stabiorell im Calancatal liebäugelten wir eigentlich noch ein bisschen damit, später Kühe zu halten und Milchwirtschaft zu betreiben. Aber dann hat sich das so ergeben mit der Betriebsgemeinschaft auf dem Gemüsehof in Dotnacht im Thurgau. Wir schlugen dem dortigen Biobauern vor, dass wir das Gemüse mit dem Abo-Service vermarkten. Und das ist super gut angelaufen.

Es war unser Einstieg in die Selbständigkeit. Damals realisierte ich noch gar nicht, wie wertvoll die Erfahrungen waren, die wir dort sammeln konnten: Der Hof war wie ein gemachtes Nest, in dem wir gleichzeitig unseren eigenen Bereich aufbauen und die Buchhaltung selbständig führen konnten. Allmählich wurde uns dabei klar, dass der Gemüseanbau unsere einzige Chance ist, in die Landwirtschaft einzusteigen. Bei einem Milchwirtschaftsbetrieb muss man sehr viel investieren. Da kommt man ohne Kapital gar nicht rein, wenn man nicht bereits auf einem Bauernhof aufgewachsen ist und den Betrieb der Eltern übernehmen kann. Aber mit dem Gemüse merkten wir: Wir brauchen eine Hacke, wir brauchen Saatgut, wir brauchen ein bisschen Boden, und los geht's! Kurz darauf haben wir diesen Betrieb der Berghilfe in der Schwendi gefunden.

Wir brauchen eine Hacke, wir brauchen Saatgut, wir brauchen ein bisschen Boden, und los geht's!

Dabei hatte ich ja mit Landwirtschaft erst nicht viel am Hut. Ich wuchs in einer Lehrerfamilie auf, bin selber auch erst Lehrerin geworden, hab sogar zwei Jahre lang unterrichtet. Aber ich hatte das Gefühl, das ist es noch nicht, ich mach das jetzt mal für zwei Jahre, danach beginnt das Leben.

Und schon bald fand ich mich wieder auf der Geißenalp Löita in der Leventina. Dort habe ich zusammen mit dem Älpler, der die Alp schon seit Jahren immer von April bis November führte, gehirtet, gemolken, gekäst und gemäht. Er brauchte gerade im Sommer, zu Spitzenzeiten, Verstärkung zum Heuen.

Aber selber in die Landwirtschaft einzusteigen, konnte ich mir damals immer noch nicht vorstellen. Ich wollte weg. Zwei Jahre ging ich auf Reisen, war in Europa unterwegs, kam nach Rumänien, Ungarn, Griechenland, aber auch nach Marokko. Oft war ich dabei auch auf Bauernhöfen, wo ich ein bisschen reingeschnuppert und mitgeholfen habe. Nach den zwei Jahren dachte ich, jetzt reicht's, jetzt brauche ich ein Ziel und muss es genauer wissen mit der Landwirtschaft. Ich brauche Futter *(lacht)!*

Auf dem Rücksitz des Autos hauen sich Lorenz und Valerie die leeren Gemüsetaschen um die Ohren, bis Sandra der Geduldsfaden reißt: »Gottfriedstutz, Lorenz! Weißt du was, jetzt lass ich dich dann aussteigen und du kannst heimlaufen.« Da wird's ganz leise.

Also hab ich mich, wieder zurück, nach Ausbildungen im Bereich Landwirtschaft erkundigt. Die Landwirtschaftslehre mit der biologischen Zusatzausbildung hab ich mir angeschaut – und mir gedacht, hm, nein! Der Biolehrgang ist in die konventionelle Landwirtschaftslehre integriert. Sonst ist alles ganz genau gleich. Einzig der Dünger ist organisch, also Mist, Hornspäne, Knochenmehl und Vogelkot – auch aus Südamerika. Bio hat erst einmal nichts mit Nachhaltigkeit zu tun, wirklich gar nichts! Natürlich ist es immer noch besser als der konventionelle Anbau. Aber es ist halt unterdessen auch eine Frage der Menge. Die Bioprodukte haben solch einen Erfolg. Da muss jetzt einfach Menge her, koste es, was es wolle.

Schließlich bin ich auf die biodynamische Landwirtschaftslehre gestoßen. In der Info las ich, dass Demeter-Bauern mit einem geschlossenen Kreislauf arbeiten, sorgfältig mit den Ressourcen umgehen, sich mit den Sternenkonstellationen beschäftigen und die Zusammenhänge als Ganzes betrachten, nicht nur die einzelnen Bereiche. Da wusste ich sofort, das ist es!

Die Lehre war damals noch als Wanderlehre auf vier verschiedenen Höfen konzipiert, ohne festes Schulhaus. Für den Unterricht trafen wir uns auf Höfen. Jedes Jahr gab's eine Klasse in der Schweiz, pro Klasse waren es vielleicht fünfzehn Leute. Also alles ganz klein. Eidgenössisch anerkannt war der Lehrgang noch nicht. Dass ich die Anerkennung später trotzdem erhalten habe, weil ich schon eine andere Ausbildung hatte, ist jetzt unser großes Glück, weil ich so direktzahlungsberechtigt bin. Ste bekam die Anerkennung eben nicht. Darum sagt er immer, bei uns sei ich der Bauer *(lacht)*. Dabei kann ich überhaupt nicht mit Maschinen umgehen. Und ich finde eigentlich, Bauer ist der, der auf dem Traktor hockt. Und das ist Ste *(lacht)*. Trotzdem bleibt es natürlich dabei: Auf dem Papier bin ich's. Die Briefe des Landwirtschaftsamts sind an mich adressiert.

Vor sieben Jahren konnten wir dann dieses Heimetli in der Schwendi bei Heiden übernehmen. Es hatte einer alten Frau ohne direkte Nachkommen gehört. Sie überschrieb Haus und Hof der Schweizer Berghilfe mit der Auflage, dass der Betrieb biologisch weitergeführt werde. Sie war eine Legende, ziemlich schrullig, und nach ihrem Tod waren alle, die sich auch gerne ein Stück vom Kuchen abgeschnitten hätten, extrem wütend, dass sie einfach das ganze Haus mitsamt dem Land verschenkt hatte. Als wir das Haus besichtigten, hat's uns ziemlich abgeschreckt. Man sah die Spuren derer, die reingegangen waren und das Haus durchwühlt und rausgerupft hatten, was sie in die Finger kriegen konnten – wirklich eine happige Geschichte. Es war auch völlig mit Brombeeren überwuchert und ziemlich verlottert. Aber wir hatten das Gefühl, mit ein bisschen Ausräumen und Putzen sieht's schnell schon wieder ganz anders aus.

Bio hat erst einmal nichts mit Nachhaltigkeit zu tun, wirklich gar nichts!

Das Nutzungskonzept, das die Berghilfe verlangte, hatten wir mit unserem Gemüse-Abo und Direktlieferservice auch schon parat. Der Betrieb war wirklich wie auf uns zugeschnitten. Wir konnten erklären, was wir im Thurgau schon gemacht hatten, dass es gut läuft mit unserem Gemüse-Abo und dass die Nachfrage sehr groß ist. Selbst die Kunden hatten wir schon. Weil Ste und ich beide Appenzeller sind, hatten wir schon vom Thurgau aus an unsere Bekannten und Verwandten im Appenzell geliefert. Und so bekamen wir den Zuschlag *(strahlt)!*

Jetzt machen wir hier Biolandwirtschaft – mit Demeter-Hintergrund, aber ohne Label. Beim Demeter-Landbau werden die Mondphasen und Planetenkonstellationen mitberücksichtigt. Das Wichtigste sind die Präparate: Kompostpräparate, die man auf dem Hof ausbringt. Dafür füllt man zum Beispiel ein Kuhhorn mit Mist und Kiesel oder einen Kuhdarm mit Kamille und lässt alles kompostieren. Dann potenziert man's, indem man alles mit Wasser verdünnt, genau gleich wie bei der Herstellung von homöopathischen Mitteln. Und dieses Präparat spritzt man übers Land. Der zentrale Gedanke dabei ist, dass jeder Hof ein geschlossener Kreislauf ist, dessen Eigenheiten man auf diese Weise unterstützt.

Ich finde eigentlich, Bauer ist der, der auf dem Traktor hockt.

Aber wir sind keine Steiner-Jünger, die stur seine Prinzipien umsetzen. Ich mag Leute, die anderen sagen, was richtig und was falsch ist, nicht so gerne. In der Demeter-Lehre haben wir über Steiners Ansichten diskutiert und gelernt, uns unsere eigenen Gedanken zu machen. Es ging gerade nicht um blinde Gefolgschaft. Es gibt ja nicht die eine Wahrheit. Jeder Hof ist anders. Jeder Mensch ist anders. Man muss seinen Weg selber finden.

Ste und ich düngen zum Beispiel einmal pro Jahr mit einer Mischung aus Kuh-, Schaf- und Geißenmist von unseren eigenen Tieren. Im Frühling führen wir allen Mist aufs Feld und setzen ihn auf eine Miete auf, einen langen Misthaufen. Dort mischen wir Kuh, Geiß und Schaf, damit Luft dazu kommt und es besser kompostiert wird. Da passiert recht viel. Bis im Herbst ist es schon ordentlich verrottet. Und kaum haben wir fertig abgeerntet, kommt der Mist aufs Feld.

So ist es wirklich ein Kreislauf: Unsere Nährstoffe landen wieder auf dem Acker. Für die Wiese bleibt dann allerdings nicht mehr so viel Dünger. Der Biokontrolleur findet jedes Mal, wenn er kommt, es herrsche Nährstoffmangel auf unserer Wiese. Die berechnen das nach Anzahl Tieren pro Fläche. Aber ich behaupte, die Qualität unseres Grases ist besser. Der Artenreichtum ist viel größer. Es wachsen Blumen, es wachsen Kräuter. Die Frage ist einfach, was man will. Will man Biodiversität und Magerwiesen oder will man fette Wiesen und Ertrag?

Klar gibt es einem manchmal schon zu denken, wenn wir sehen, dass die Wiese des Nachbarn in drei Wochen so stark wächst wie unsere in drei Monaten. Es ist offensichtlich. Im Sommer, wenn das Gras hoch ist, ist's wie eine abgeschnittene Linie zwischen unserm Land und seinem Land. Drüben wächst dunkles, saftig grünes Gras. Und bei uns ist es ein bisschen bräunlich, gelblich, mager – aber mit ganz vielen Kräutern *(lacht)!* Viele Leute, die hier vorbeispazieren, finden es denn auch extrem schön, was uns natürlich freut! Sie fragen dann, was macht ihr anders? Es ist so idyllisch und liebevoll hier, es lebt so *(strahlt)!*

Gegen Mittag auf dem Hof, zurück von der Gemüsetour, beginnt Sandra zu kochen. Das Feuer im Holzherd knistert, die Bratkartoffeln werden knusprig gelb.

Am Anfang war's schon hart, und die Prognosen für uns waren wirklich schlecht. Alle, auch die vom Landwirtschaftsamt, meinten, mit drei Hektar könne man nicht leben. Und doch waren wir zuversichtlich! Das Haus war wirklich runtergewirtschaftet und in einem schlechten Zustand, der Hof war gar kein Hof mehr, weil schon jahrelang niemand mehr den Stall benutzt hatte. Alles war völlig verkrautet. Aber auf eine Weise hat uns das auch Freiheit gegeben. Wir konnten bei Null anfangen. Wir mussten keine Erwartungen erfüllen und einen bestehenden Betrieb übernehmen, der dann genau so und so hätte weitergeführt werden müssen.

Auf eine Weise hat uns das auch Freiheit gegeben. Wir konnten bei Null anfangen.

Trotzdem bin ich mit dem ganzen Umbau ziemlich am Anschlag gelaufen. Aurelia und Linus waren noch klein. Und dazu immer die Unsicherheit: Geht das überhaupt, was wir hier machen? Immer magerer bin ich geworden. Dann fragte eines Tages mein früherer Lehrmeister, ob wir eine Kuh wollten, und ich dachte, au, ja, eine Kuh! Das ist jetzt genau das, was ich brauche! Es gibt nichts Beruhigenderes als eine grasende Kuh – zuzuhören, wie sie das Gras abreißt, verdaut, rülpst … Seither steht Ragusa bei uns im Stall. Mit Lakritz ist inzwischen noch eine zweite Kuh dazugekommen. Wir haben sie vor allem für den Mist. Das hatten sie früher auch, das Mistvieh. Und das war gar kein Schimpfwort *(lacht).*

Unterdessen läuft es gut auf dem Betrieb. Wir machen wirklich fast alles von Hand: Setzlinge einsetzen, jäten, pflücken. Das macht sonst keiner mehr! Heutzutage geht das alles mit dem Vollernter. Die eine Maschine rupft aus, die andere krautet ab, die nächste wirft das Gemüse in die Stapelboxen. Dann wird's abgeholt und in den Kühlraum gestellt … Eine der wenigen Maschinen, die wir brauchen, ist die Bodenfräse, mit der wir den Boden auflockern. Und unserm Gemüse gefällt's. Es wächst wunderbar. Unterdessen haben wir auch einen Hektar Wald. Und neuerdings können wir im Rheintaler Nachbardorf Thal zwischen Rebstöcken unsere Schafe weiden.

So erzielen wir heute neunzig Prozent unseres Einkommens direkt aus unsern Produkten. Dazu kommen zehn Prozent Direktzahlungen. Bei den meisten anderen Bauern ist's genau umgekehrt, dort ist das Verhältnis vielleicht dreißig zu siebzig Prozent. Ich bin schon ein bisschen stolz!

Aber nach der Steuererklärung bleibt nicht mehr viel. Von dem Geld, das wir einnehmen, geht ja so viel wieder raus für Setzlinge, Saatgut, Lohnkosten für die Erntehelferinnen und -helfer, Pachtzinsen ... Darum fallen wir wohl, gemessen an der Statistik, sogar unter die Armutsgrenze in der Schweiz. Dabei finden wir gar nicht, dass wir arm sind. Aber wenn man sich nur das Einkommen anschaut, käme man wohl zum Schluss, davon könne man als sechsköpfige Familie gar nicht existieren, unmöglich. Und das finde ich schade und auch ein wenig verdreht. Denn wir haben alles, was wir brauchen – und eigentlich sogar von allem noch zu viel.

Wenn man sich nur das Einkommen anschaut, käme man wohl zum Schluss, davon könne man als sechsköpfige Familie gar nicht existieren, unmöglich.

Gegen Mittag trommelt Sandra alle zum Essen zusammen. Nach dem Mittagessen tollen die Kinder in der Stube auf dem Sofa herum. Lorenz und Valerie sollten Mittagschlaf machen. Zeter und Mordio. Die Kleine kreischt. Der gemahlene Kaffee liegt schön verstreut auf dem ganzen Fußboden. Irgendwann sind die Kleinen dann doch im Bett. Linus und Aurelia machen sich wieder auf den Weg zur Schule. Und die Erwachsenen gehen erneut aufs Feld, um die Rüebli abzukrauten. Bei der Arbeit kommt Sandra auf die Politik zu sprechen und enerviert sich.

Die Landwirtschaftspolitik vermittelt das Bild, in der Schweiz sei alles in Ordnung. Die Leute meinen, dass ihre Lebensmittel auf einem kleinen, herzigen Biobetrieb produziert werden, wo alles von Hand gemacht wird, die Kühe Hörner haben und keine Medikamente zum Einsatz kommen. Aber das stimmt einfach nicht! Jedes Jahr werden Tonnen von Antibiotika in Schweizer Milchwirtschaftsbetrieben eingesetzt! Und keiner redet davon, dass die Kühe ausgebeutet werden, dass sie in kürzester Zeit so viel Milch produzieren müssen, dass sie eigentlich immer nur krank sind und es ohne Antibiotika gar nicht mehr geht.

Und von wegen klein. Die Entwicklung geht genau in die entgegengesetzte Richtung, immer noch industrieller, noch billiger und noch mehr produzieren. Dabei sind auf der Milchpackung, die wir kaufen, alle Kühe glücklich und zufrieden und haben Hörner. Das ist doch schlicht ein Märchen! Ich weiß nicht, wo sie diese Kühe herhaben!

Aber mit dem Thema darf ich gar nicht anfangen *(seufzt)*. Den Gedanken, dass alle Kühe enthornt werden, finde ich grauenhaft! Den Kälbern werden die Hornstümpfe ausgebrannt, damit sie keine Hörner bekommen. Das ist doch eine Verstümmelung! Das ist, als würde man Babys die Finger abschneiden. Wenn ich sehe, wie unsere Kühe mit diesen Hörnern umgehen – die sind für sie ein ganz ein wichtiges Kommunikationsinstrument!

Aber das Enthornen ist der Preis, den wir für die Freilaufställe bezahlen. Die Kühe haben dort schlicht zu wenig Platz und tragen ihre Rangordnung untereinander kämpfend aus. Wenn man sie enthornt, kann man mehr Kühe auf kleinerer Fläche halten. Das finde ich so schlimm!

Sowieso die ganze Landwirtschaftspolitik … Um Biobeiträge zu erhalten, muss man zum Beispiel Buch darüber führen, was man alles für die Biodiversität auf dem eigenen Betrieb macht. Aber viele der Punkte, die man im Maßnahmenkatalog ankreuzen könnte, kommen für uns als kleiner Bergbetrieb gar nicht in Frage, weil wir zu wenig Fläche haben. Da muss dann eine Hecke zum Beispiel so und so lang sein – aber wir haben beim besten Willen nirgends Platz dafür. Wir fallen durch alle Maschen, weil wir für fast jede Art der Subvention zu klein sind.

Wir fallen durch alle Maschen, weil wir für fast jede Art der Subvention zu klein sind.

Es klingt immer gut: »Wir unterstützen Biodiversität, wir unterstützen kleine Höfe.« Aber die Direktzahlungskriterien sind so angelegt, dass die wirklich kleinen Betriebe nicht gefördert werden, sondern eben nur die großen. Direktzahlungen laufen ja neuerdings nach Fläche. Man wird pro Hektar bezahlt statt wie früher pro Tier.

Und das führt nun dazu, dass die Bauern so viel Land brauchen. Da herrscht eine Wettkampfstimmung wie im Haifischbecken. Man reißt sich das Land aus der Hand wie beim Ausverkauf. Wirklich, nein, ich darf mich gar nicht zu fest über dieses Thema aufregen …!

Am nächsten Tag in der Stube. Valerie schläft, Aurelia ist bei der Nachbarin zum Reiten. »Wir machen immer einen Tausch: Heu gegen Reitstunden«, erklärt Sandra, die mit Linus am Stubentisch Englischaufgaben löst. Später, in der Küche beim Brotbacken, kommt sie auf ihre Krise im letzten Jahr zu sprechen.

Ich bin wirklich an meine Grenzen gestoßen. Ich hab schon im Frühling gemerkt, dass irgendwas knackst im Rücken, habs aber ignoriert. Aber nach den Sommerferien konnte ich mich kaum noch bewegen. Valerie war noch ein Baby, ich hab sie noch gestillt, konnte nicht schlafen in der Nacht. Und mir war alles zu viel. Da haben wir entschieden, grundsätzlich etwas zu ändern, runterzufahren. Ich wollte nicht immer noch größer und noch mehr. Fast niemand hat das verstanden – wenn die Nachfrage da sei, müsse man doch aufbauen … Aber wir haben uns dann wirklich entschieden, Kunden abzusagen, um alles wieder auf ein Maß zu bringen, bei dem es uns wohl ist. Jetzt sind wir von achtzig, neunzig Kunden wieder zurück auf siebzig, achtzig – und haben einen ganz schönen Sommer hinter uns. Es ist viel entspannter so. Für mich ist's ganz klar der richtige Entscheid gewesen.

Als Ste von der Arbeit draußen zurück ins Haus kommt, gibt's Tee. Beim Erdnüsschenknabbern philosophieren Sandra und Ste über das verklärte Bauernbild.

Ste: Eigentlich wär's ganz einfach. Es könnten alle so leben wie wir. Über Jahrhunderte haben die Menschen es so gemacht.

Sandra: Die Leute sagen oft, wie schön es wäre … Aber keiner traut sich.

Ste: Sie haben Angst, ihre Unabhängigkeit zu verlieren …

Sandra: … mit dem festen Einkommen und der geregelten Arbeitszeit.

Ste: Als Bauer bist du schon angebunden …

Sandra: … und viele trauen es sich auch körperlich nicht zu. Aber es ist pure Gewöhnungssache.

Ste: Wenn ich mein Leben mit anderen vergleiche, die heute nach Schanghai fliegen müssen an eine Sitzung und am nächsten Tag schon wieder nach New York … Viele Leute leben ja so … Mir würde es dabei schlecht werden. Als Bauer hat man schon einen harten Beruf. Aber ich finde, jeder Beruf hat seine andere Härte.

Der Großteil der Leute hat ganz andere Prioritäten und Werte. Zum Beispiel die Pensionskasse.

Sandra: Wir leben hier ja schon wie auf einer Insel. Und realisieren gar nicht, dass es nicht der Durchschnitt ist, was wir hier machen. Für uns ist es normal. Aber der Großteil der Leute hat ganz andere Prioritäten und Werte. Zum Beispiel die Pensionskasse *(lacht)*. Also halt Geld und materielle Dinge. Das ist mir überhaupt nicht wichtig, wirklich nicht. Viel wichtiger ist mir, dass es den Kindern gut geht und Ste und allen um mich herum – dem Land und den Pflanzen und den Tieren.

Auf unserem Feld etwa hab ich immer den Überblick. Ich weiß, was wo wächst. Wann welche Kultur reif ist. Wann was geerntet werden muss. Und diesen starken Draht hab ich auch zu den Tieren. Ich glaube sowieso, die Tiere sind einem viel näher als man denkt. Das merkt man vor allem bei Missstimmungen. Das überträgt sich direkt auf sie, genau wie bei Kindern. Tiere sind unser Spiegel.

Deshalb spüre ich, wenn ich auf einem Bauernhof in den Stall komme, genau, wie die Stimmung auf dem Hof ist. Auf der Alp war's ganz extrem. Wenn ein Bauer seine Tiere brachte, hab ich jedes Mal gemerkt, was das für einer ist, selbst wenn man ihn noch nicht einmal gesehen hat. Ich habe es allein dadurch gespürt, wie die Kühe zur Alp hochgelaufen kamen, wie sie dreingeschaut haben und wie sie in der Herde miteinander umgegangen sind. Ein Tierhomöopath hat uns in der Lehre mal gesagt, es komme öfter vor, dass er, wenn er eine Herde im Stall behandle, den Bauern gleich mit demselben Mittel mitbehandle. Für mich war das völlig logisch, weil ich dachte, es ist ja auch dasselbe *(lacht).*

Sie springt auf und legt noch einen Holzscheit ins Feuer.

Mein Leben erfüllt mich heute rundum. Weil das, was wir machen, wirklich genau das ist, was ich will. Das ist meine Welt, und ich stehe dahinter. Eigentlich machen ja alle Leute das, was sie richtig finden. Es gibt so viele Möglichkeiten. Trotzdem würde ich mir wünschen, dass mehr Bauern in unsere Richtung gingen … Ich bin einfach froh, dass ich das umsetzen kann, von dem ich zutiefst im Innern spüre, dass es das Richtige ist.

Wo Demeter draufsteht, steckt noch mehr Bio drin

Als erste anerkannte ökologische Methode ist Demeter sozusagen die Urmutter des Biolandbaus, allerdings ist sie, was Ökologie, Vielfalt und Tierwohl betrifft, noch konsequenter als die Bio-Knospe. Die Grundlagen des biodynamischen Landbaus legte Rudolf Steiner, Gründer der Anthroposophie, 1924.

Demeter-Landwirte betrachten ihren Hof als Organismus, arbeiten mit geschlossenen Kreisläufen und beziehen sogar die Sternenkonstellationen mit ein, der Einsatz von künstlichen Düngern aber ist tabu.

Eine Besonderheit der Demeter-Methode ist die Arbeit mit Präparaten wie Hornmist, Kamille, Eichenrinde oder Löwenzahn, die ähnlich wie homöopathische Substanzen gewonnen werden und die auf das Ackerland ausgebracht werden, um dessen Eigenheiten zu unterstützen und die Kreisläufe zu stärken. Hornkiesel zum Beispiel, also fein gemahlener Quarz, soll ähnlich einem Quarzkristall, der das Licht bündelt, dem Boden mehr Sonnenlicht zur Verfügung stellen und dadurch einen positiven Einfluss auf die Reifung der Kulturen haben.

Dass Demeter-Landwirte allerdings Exoten sind, zeigen die Zahlen: Nach Demeter-Richtlinien produzieren gut 250 Bauern, gegenüber weit über 6000 Biohöfen. Ingesamt zählt die Schweiz rund 54 000 Landwirtschaftsbetriebe.

Wandertipp

Fünfländerblick – Weite fast wie am Meer

Vom Höhenkurort Heiden über dem Bodensee mit seinem intakten Biedermeier-Dorfkern geht's übers sanfte Appenzeller Hügel, vorbei an schmucken Dörfern und Weilern, durch Wälder und Bachtobel, über Felder und saftige Wiesen bis zum fantastischen Fünfländerblick über die Schweiz, Vorarlberg, Bayern, Baden und Württemberg. Von hier ist es nicht mehr weit bis zum Bodensee, zurück an den Ausgangspunkt im malerischen alten Hafen von Rorschach.

Route: Heiden–Kaien–Halten–Fürschwendi–Fünfländerblick–Unterbilchen–Landegg–Rorschach

Höhenmeter: 440 m ↗
840 m ↘
Distanz: 15 km
Zeit: 4 h
Schwierigkeit: T1

Azienda

Azienda Agricola
Carlo, Monica, Marina
und Doris Martinali
Largario und Camperio,
Valle di Blenio (TI)
900 m und 1200 m

Bergzone 3 und 4
30 ha Land und 6 ha Wald

20 Original-Braunviehkühe
12 Jungtiere
45 Mutterschafe
50 Hühner
3 Hirtenhunde
2 Kater

Direktverkauf von Kalb- und Schaffleisch, Sirup, Konfitüren, Eiern sowie Alpkäse AOC von der Alpe Pian Segno Lucomagno

Ferienwohnung: www.ca-comun.vallediblenio.ch

Agricola Martinali

Doris Martinali, 18, die vife Bergbauerntochter aus dem Tessiner Bleniotal, weiß genau, was sie will: Schon mit drei Jahren sprach sie davon, Landwirtin zu werden. Mit siebzehn schloss sie ihre Lehre am Strickhof im Kanton Zürich ab. Seither packt sie auf dem elterlichen Hof in Largario zusammen mit Vater Carlo, 68, und Mutter Monica, 52, mit an. Dass auch Schwester Marina, 21, die in Zollikofen noch Agronomie studiert, sich vorstellen kann, mal einzusteigen, ist neu.

Doris, mit zarter und doch kräftiger Postur, die langen dunklen Haare zum Pferdeschwanz zusammengebunden, die Schirmmütze darüber, ist Bäuerin durch und durch. Die dunklen Augen in ihrem offenen Gesicht leuchten, wenn sie von ihren behornten Original-Braunviehkühen erzählt und von den Traktoren mit ihren Pferdestärken.

Und doch war nicht immer alles rosig. Zu Beginn stürzte sie im Tessin in eine große Krise, war doch ein Teil von ihr in der Deutschschweiz zurückgeblieben. Aber längst hat sie wieder Tritt gefasst und arbeitet sich nun auf dem Mehrstufenbetrieb im Talkessel ein, an dessen Hängen sich die Waldmatten bis zu den schroffen Felsen hinaufziehen. Für die junge Bäuerin ist trotz allem klar: Ohne Hof kann sie nicht leben.

Doris Martinali

Landwirtin

Der Herbst auf dem Maiensäß in Camperio ist frostig. Monica hat eingefeuert. Am Mittagstisch diskutieren Mutter Monica und Tochter Doris über die Hofnachfolge, über Technik und Traktoren.

Monica: Erinnerst du dich noch, wir ihr früher zusammen die »Schwestern Mc Laude« geschaut habt? Eine furchtbare Serie! Alles völlig übertrieben mit wahnsinnig schönen jungen Frauen, die mit glänzenden Gummistiefeln auf dem Miststock standen… Man dachte die ganze Zeit, wow, was die alles können! Trotzdem waren sie ständig in unglückliche Liebesgeschichten verwickelt…

Doris: (lacht)

Monica: Und jetzt führt ihr den Betrieb vielleicht bald mal als »Sorelle Martinali« weiter.

Doris: Mit Marina zusammen wär's schon einfacher. Auch wenn wir total verschieden sind, charakterlich und äußerlich. So früh wie ich hätte sie nicht von zu Hause weggewollt.

Monica: Stimmt, und was das Technische anbelangt, bist du begabter als Marina und ich zusammen! Als ganz Kleine hast du mal den CD-Player geflickt!

Doris: Als er nicht mehr lief, dachte ich mir, gucken wir doch mal, wie der zusammengebaut ist, hab ihn auseinandergeschraubt und wieder zusammengebaut. Dann lief er wieder. Mein Töffli hab ich auch mal auseinandergenommen.

Ich war mit 157 Zentimetern die Kleinste in meiner Klasse. Wenn ich mit dem Traktor daherkam, machten alle immer ganz große Augen!

Monica: Oder den Mixer, der nicht mehr funktionierte und die Kaffeemaschine, die hast du auch repariert.

Doris: Ich war schon immer fasziniert von der Technik, vor allem von Traktoren. In der Lehre fragten sich zwar alle, ob das denn ginge für mich, mit den großen Maschinen? Ich war mit vierzehn die Jüngste und mit 157 Zentimetern die Kleinste in meiner Klasse. Wenn ich auf den Lehrbetrieben mit dem Traktor daherkam, machten alle immer ganz große Augen!

Dann kommen sie auf den neuen Traktor zu sprechen, der am Nachmittag aus dem Wallis angeliefert wird.

Monica: Carlos Traktor, einen 69er-Jahrgang, behalten wir. Wir würden ihm das Herz brechen, wenn wir den weggäben. Aber den Occasions-Traktor, den wir vor zwei Jahren gekauft haben, tauschen wir ein. Er läuft nur 25 Stundenkilometer… bergab *(lacht).*

Als das Telefon klingelt, kündigt sich der Traktorlieferant Christian an. Kurze Zeit später steht der Truck mit den Landmaschinen vor dem Haus. Doris bestaunt den neuen Traktor mit glänzenden Augen. Dann setzt sie, das kleine Persönchen, sich in die große Traktorkabine,

Christian stellt sich auf dem Trittbett dazu und erklärt ihr das Armaturenbrett mit allen Displays, Hebeln, Knöpfen und Schaltern. »Hier wirfst du ihn an, Licht, Blinker, Bremse, Kupplung, Gas.« Später unterzeichnet Monica bei Kaffee und Kuchen die Lieferpapiere. Dann brechen Carlo und Doris zum Stall nach Pü auf, wo die Kühe, eingebettet in eine stille Talmulde, karges Herbstgras kauen. Nachdem die Tiere im Stall sind, zäunt Carlo eine frische Weide ein, während Doris zu melken beginnt und dabei ins Schwärmen gerät.

Ich bin fast verliebt in unsere Kühe.

Ich bin fast verliebt in unsere Kühe *(lacht)*. Schon als Kind verbrachte ich jede freie Minute im Stall. Als Kleinkind saß ich dort in der Futterkrippe und mampfte zwischen den behornten Kühen Kraftfutter. Meine Mutter fand das nicht so toll. Aber die Kühe taten mir nie etwas. Ich hatte sie schon damals in mein Herz geschlossen!

Unsere Original Braunen sind eine Zweinutzungsrasse, man kann mit ihnen Milch und Fleisch produzieren. Die Tiere sind robust, klein, handtauglich und haben Charakter und Temperament. Manche Bauern finden es zwar grauenhaft, dass die Kühe machen, was sie wollen. Aber da ich selber auch einen Sturkopf hab, passt das ausgezeichnet *(lacht)*.

Bei unseren gerade mal zwanzig Kühen können wir eine enge Beziehung zu den Tieren pflegen. Dazu braucht's Leidenschaft, und das merkst du den Tieren an. Bei einem Bauern, der Freude hat, sind die Kühe viel zutraulicher. Sie kommen auf einen zu, wenn man in den Stall kommt. Sie sind so ruhige Wesen, und es ist leicht, ihr Vertrauen zu gewinnen. Aber es braucht Zeit. Und wenn's dann doch mal schnell gehen muss und man gestresst ist, merken sie das und schalten auf stur. Meine Mutter sagt darum immer, ich hätte eine Engelsgeduld mit den Tieren.

Das war auch das Schöne in meiner Lehrzeit: Ich hab in so viele verschiedene Betriebe hineinschauen können, von Bio mit 35 Kühen und bis zu ganz intensiver Milchproduktion mit 120 Kühen und vollautomatisiertem Melkroboter. Da wird von den Tieren Höchstleistung erwartet, was wiederum oft mit Krankheiten verbunden ist. Und trotzdem geh ich gerne an Viehschauen und schau mir die Elitekühe an. Auf eine Weise find ich sie eben doch auch schön. Aber bei alledem gibt's Grenzen und leider auch Züchter, die es übertreiben, indem sie ihre Kühe vor den Schauen ewig nicht mehr melken oder sogar die Zitzen zuleimen, damit die Euter prallvoll sind. Das ist total daneben! Jeder will der mit der besten und größten und schönsten Kuh auftrumpfen!

Hier auf der Alpe Pian Segno sind wir übrigens die Einzigen, die noch behornte Kühe haben. Und ziemlich einzigartig ist auch unser

Mehrstufenbetrieb. Es gibt fast keinen Bauern mehr im Bleniotal, der noch so wirtschaftet. Unsere Kühe kommen im Sommer auf die Alpe Pian Segno, dann runter zu unserem obersten Ställchen in Pü. Im Oktober geht's weiter runter nach Piera, im November dann nach Camperio aufs Maiensäß, und wenn so gegen Ende Dezember der erste Schnee kommt, ziehen wir ganz hinunter auf unseren Hof in Largario.

Beim Umhängen der Melkmaschine täschelt Doris eine Kuh und weist eine andere, die ihre Nachbarin stupst, zurecht. Nachdem sie alle Kühe gemolken hat, dürfen die Tiere auf eine neue Weide. Gegen sieben Uhr abends sind Carlo und Doris wieder unten auf dem Maiensäß, wo sich Nebelschwaden wie Wattestreifen über die Bergflanken gelegt haben und sich mit der blauen Stunde schon die Nacht ankündigt. Beim Abendessen diskutieren Monica und Doris über Landwirtschaft und Ernährungspolitik.

Die Produkte haben keinen Wert mehr. Für die Milch kriegen wir praktisch nichts, die Kälber verkaufen wir zum selben Preis wie Carlos Mutter vor fünfzig Jahren.

Monica: Früher hatten wir Bergbauern noch das Gefühl, dass wir produzieren.

Doris: Aber jetzt sind wir zu reinen Landschaftsgärtnern geworden.

Monica: Die Produkte haben keinen Wert mehr. Für die Milch kriegen wir praktisch nichts, die Kälber verkaufen wir zum selben Preis wie Carlos Mutter vor fünfzig Jahren. Ohne meinen Nebenerwerb könnten wir gar nicht leben. Aber das ist die Agrarpolitik. Dem Bund ist's wichtig, dass die Alpen bestoßen und abgeweidet werden, dass man mäht und die Verbuschung im Zaum hält. Dafür gibt's viele Direktzahlungen.

Doris: Aber außer uns hat kaum noch jemand Original Braunvieh. Die anderen halten meistens Hochleistungsrassen wie die Brown Swiss, Red Holstein oder Holstein. Das sind super Futterverwerter. Welche Mengen an Milch die rauslassen! Aber wenn man solche Kühe hat, muss man sie entsprechend zufüttern, und hier in der Bergregion heißt das: viel Futter zukaufen, Mais und riesige Mengen Soja!

Monica: Es ist schon absurd, dass Kühe mit ihrer Nahrung den Menschen konkurrenzieren, wo weltweit immer noch so viele Menschen Hunger leiden.

Doris: Es wird auch viel Milch weggeschüttet, Lebensmittel werden weggeschmissen, sobald das Haltbarkeitsdatum abgelaufen ist, obschon sie noch gut wären. Das ist eine riesige Verschwendung!

Monica: Ich finde, dass das Bauern auch mit ethischen Ansprüchen zu tun hat. Mit dem Respekt für die Tiere, für die Natur und für das Land, von dem wir leben dürfen …

Doris: Aber je größer ein Betrieb ist, desto schwieriger wird's, den Bezug zu wahren. Das wurde mir in der Lehre bewusst, als ich so unterschiedliche Betriebe kennenlernen konnte.

Carlos Telefon klingelt mit Kuhglockengebimmel. »Pronto?« Roberto ist am Draht, ein benachbarter Bauer, der vorhin vorbeifuhr, als der neue Traktor angeliefert wurde. Die beiden Männer fachsimpeln am Telefon. Und Doris geht schon bald ins Bett. Sie braucht den Schlaf. Derweil wäscht Monica ab und erzählt, wie sie vor vielen Jahren als Deutschschweizerin ins Tessin auf den Hof gekommen ist und wie sie ihn als Familie heute bewirtschaften.

Seit Doris hier ist, probieren wir's ohne Helfer. Ab Januar werden wir beide zu fünfzig Prozent Betriebsleiterinnen sein. Mal schauen, wie das läuft. Carlo gehört der Hof, er ist eigentlich schon pensioniert. Doris wird gewisse Dinge sicher anders machen. Manchmal fliegen die Fetzen zwischen uns, weil wir beide ziemlich genaue Vorstellungen haben. Aber eigentlich bin ich für vieles offen. Von mir aus könnte sie auch ganz auf Milchschafe oder Geißenhaltung umstellen.

Aber in den wesentlichen Dingen sind wir derselben Meinung. Ein liebevoller, respektvoller Umgang mit den Kühen ist uns wichtig. Und die Hörner lassen wir ihnen auch, wir wollen sie nicht amputieren. Einem Hund darf man ja auch nicht mehr den Schwanz abschneiden oder die Ohren aufstellen. Aber bei der Kuh wird's einfach akzeptiert. Dabei sind Kühe mit Hörnern viel natürlicher im Umgang miteinander. Da bilden sich Gruppen von Freundinnen, aber auch Hierarchien. Auf der Weide sind immer in etwa dieselben beisammen. Sie fühlen sich wohl in ihrem Umfeld, wie wir Menschen auch. Bei enthornten Kühen ist das auffallend anders. Sie sind weniger ausdrucksstark, fressen, liegen, geben Milch, fressen und liegen. Als Bauer hat man's mit ihnen natürlich leichter. Bei den Hornkühen ist man immer ein bisschen auf der Hut.

Jedenfalls haben sich meine ethischen Ansichten und Ideale in all den Jahren hier oben nicht verändert. Ich finde das Bergbauernleben nach wie vor sehr schön, auch in diesen verrückten Zeiten! Es ist ein gutes Leben!

Ich finde das Bergbauernleben nach wie vor sehr schön, auch in diesen verrückten Zeiten!

Als amtliche Fachassistentin für Tierschutz im Tessin bekomme ich auch mit, wie es auf anderen Höfen zugeht. Für den Kanton kontrolliere ich im Nebenerwerb die Landwirtschaftsbetriebe und schaue, ob die Bauern die Richtlinien einhalten – von Biodiversität über Tierschutz, Biozertifizierung bis hin zu den Alpen mit den AOC-Vorschriften. Das ist sehr spannend, weil ich in so viele verschiedene Hofstrukturen hineinsehen kann. Und eben auch in die Frage, wie Höfe mit der Nachfolge umgehen. Oft driften die Generationen auseinander, weil die Alten der Meinung sind, so haben wir das schon immer gemacht, und die Jungen aber Neues ausprobieren wollen. Durch diese Arbeit bleibe ich auf dem Laufenden und sehe, was in der Landwirtschaft heute alles möglich ist. Davon profitiert auch unser Hof.

Mittlerweile sind schon dreißig Jahre vergangen, seit ich von der Deutschschweiz hierhergezogen bin. Carlo lernte ich mit zweiundzwanzig kennen. Er war damals schon mit dem Bauern befreundet, bei dem ich arbeitete, und fragte mich, ob ich ihm im Winter nicht in Camperio aushelfen könne. In jener Zeit verliebten wir uns ineinander. Während Carlo weiterhin auf seinem Betrieb arbeitete, ging ich z'Alp, war im Tessin als Betriebsaushilfe unterwegs, arbeitete einen Sommer lang auch noch bei der Gotthardkutsche mit, bewirtschaftete zusammen mit einer Freundin einen kleinen Hof am Zürichsee und pendelte die ganze Zeit zwischen der Deutschschweiz und dem Tessin hin und her.

Oft driften die Generationen auseinander, weil die Alten der Meinung sind, so haben wir das schon immer gemacht, und die Jungen aber Neues ausprobieren wollen.

Als unsere Töchter zur Welt kamen, haben Carlo und ich sogar geheiratet. Ich hoffte, dass unsere Kinder so vielleicht besser akzeptiert würden. Carlo ist ja sechzehn Jahre älter als ich. Als wir uns kennenlernten, wohnte er noch bei seiner Mutter. Seine Familie war anfangs nicht so begeistert von mir … Selbst wenn du den hiesigen Tessiner Dialekt richtig gut sprichst, bleibst du ein Leben lang die Deutschschweizerin. So einfach ist das!

Am nächsten Morgen in der Küche. Monica bereitet das Mittagessen vor und lässt den Eintopf auf dem Herd schmoren. Nebenher putzt sie die Fenster und erzählt.

Nach der Lehre hatte Doris anfangs ziemlich Mühe, wieder hier zu sein. Am zweiten Abend sagte ich zu Carlo: Du, es kann gut sein, dass sie morgen wieder weg ist … Ich hätte es ihr tatsächlich zugetraut, dass sie zurück in die Deutschschweiz geht. Das rüttelte die ganze Familie durch, weil wir so fest mit ihr gerechnet hatten. Aber klar, sie hat keinen leichten Stand, gerade weil wir sie hier brauchen. Und es ist ja auch keine Kleinigkeit, als Achtzehnjährige Verantwortung zu übernehmen, zumal unser Bergbetrieb sehr arbeitsintensiv ist.

Carlo und Doris sind vom Melken auf dem oberen Monte zurück und setzen sie sich zum Frühstücken an den Tisch. Doris erzählt aus ihrer Sicht vom schwierigen Einstieg auf dem elterlichen Hof.

Doris: Es war ein Sprung ins kalte Wasser. Am Anfang wäre ich am liebsten gleich wieder zurück in die Deutschschweiz gegangen. Aber unterdessen ist mir klar geworden, dass ich das meinen Eltern nicht antun kann und auch nicht will. Der Hof bedeutet mir sehr viel. Ich hab ja immer schon gesagt, dass ich ihn mal übernehmen will. Da kann ich nicht von heute auf morgen Tschüss sagen, und weg bin ich!

Es ist ja auch keine Kleinigkeit, als Achtzehnjährige Verantwortung zu übernehmen.

Monica: Du hattest bis dahin nie auch nur eine Sekunde daran gezweifelt, dass du den Hof weiterführst. Wir zogen dich als Kind sogar auf damit, weil du so fixiert warst. Carlo und ich versuchten lange, dich für ein Studium zu begeistern – erfolglos! Du wurdest richtig wütend und sagtest, ich werde hier Bäuerin und fertig! Darum mussten wir schon schwer schlucken, als du zurückkamst und fandest, hier sei alles klein und eng und nichts wert und es habe sowieso keine Zukunft. Die Betriebe, auf denen du gelernt hast, waren alle große Höfe. Deshalb sind wir ordentlich aneinandergeraten.

Doris: Ich dachte halt, ich könne das Gelernte hier eins zu eins umsetzen, aber in den Bergen ist vieles anders. Das Grundfutter zum Beispiel gibt nicht viel her für Milchkühe. Viele meinen zwar, das Bergheu, das muss doch super sein! Aber an Energie steckt halt nicht viel drin.

Monica: Ein Bergbetrieb ist wirklich etwas ganz anderes als ein Talbetrieb. Drum war's am Anfang schon schwierig … Wir freuten uns alle auf dich und waren gespannt, was für Ideen du mitbringen würdest. Und kaum warst du hier, warst du schon fast wieder auf dem Absprung. Das war ziemlich dramatisch, wir Frauen waren alle ziemlich hysterisch. Bis Carlo, der sonst nicht viel sagt, plötzlich meinte, du solltest doch jetzt erst mal ein Jahr mitarbeiten und dich einleben, dann sähest du, wie es ist. Und das war eigentlich sehr weise.

Doris: Ich war einfach in Panik, weil ich mich fragte, wie unser kleiner Berieb weiterexistieren soll. Aber stimmt schon: Uns Bergbauern können sie nicht hängen lassen. Denn wenn wir nicht mehr sind, sehen die Berge schnell ziemlich anders aus, und dann ist bald auch der Tourismus nicht mehr. Und sonst müssen sie dann Landschaftsgärtner engagieren, um die Berglandschaft zu pflegen, und die sind teurer als wir Bergbauern.

Monica: Marina ist auch der Meinung, dass unser Bergbetrieb mit der traditionellen Bewirtschaftung und unseren guten Produkten Potenzial hat. Einen Teil des Käses verkaufen wir zum Beispiel an einem Slow-Food-Markt in Zürich. Dort ist er heiß begehrt! Und den Agrotourismus könnte man auch ausbauen.

Doris: Ein weiterer Grund, weshalb ich gezweifelt hab, waren die Schulden, die wir uns aufladen. Wir müssen zum Beispiel den bald fünfzigjährigen Stall im Dorf umbauen, und zwar so, dass alle unsere Tiere Platz darin haben. Im Moment sind sie noch über mehrere Ställe verteilt. Wir wollen ihn so ausstatten, dass ich die Stallarbeit in Zukunft alleine bewältigen kann. Die Pläne dazu haben wir schon. Aber das alles wuchs mir am Anfang so über den Kopf!

Monica: Es ist eine Last. Aber die müssen ganz viele junge Bauern tragen.

Doris: Darum sträubte ich mich erst auch so gegen den Stallneubau! Aber dann merkte ich, dass ich hier echt nicht einfach abhauen kann. Und jetzt, wo die Kühe wieder von der Alp runter sind und ich's so machen kann, wie ich's will, wird's immer besser: Ich hab noch ganz viel zu lernen.

Es ist eine Last. Aber die müssen ganz viele junge Bauern tragen.

Nach dem Frühstück bringen Doris und Carlo ein Schaf, das sie gesund gepflegt haben, zur Herde auf die Alpweide zurück. Oben gleißt in der Ferne das Rheinwaldhorn mit seinen weißen Gletschertupfern. Vita, das Leitschaf, kommt mit der Herde herbeigesprungen. Auf dem Rückweg zum Hof wirft Doris einen Blick in die Zukunft.

Es ist traurig, aber es ist so: Für eine Familie ist ein Nebenverdienst unbedingt nötig, sonst kommst du hier nicht über die Runden. Früher konnten sie mit der Hälfte der Kühe eine Familie mit sechs Kindern ernähren. Und jetzt sind's doppelt so viele Kühe und fast doppelt so viel Land, und es reicht schon für eine Familie mit nur zwei Kindern kaum.

Aber mal sehen. Ich arbeite mich jetzt erst mal ein, und dann schaue ich, was sich ergibt, wenn meine Schwester mit ihrem Studium fertig ist. Sie hat ja einen riesigen Bezug zum Hof, zum ganzen Tal, zu den Bergen. Eigentlich ist sie eher der Bergmensch als ich. Sie liebt das Wandern. Ich bin lieber bei den Tieren und auch gerne mal im Flachland. Also eigentlich gehört sie mehr hierher, auf einen Bergbauernhof, als ich. Aber zusammen wär's sicher prima! Und eins ist jedenfalls schon mal klar: Ohne Hof könnte ich nicht leben. Und es ist sehr schön, etwas Eigenes aufzubauen! Darum, forza! Packen wir's an!

FORD 4000

Die Schweiz und die Kuh

Kühe sind aus dem Landschaftsbild der Schweiz nicht mehr wegzudenken, sie sind Teil der Identität des Landes. Doch so romantisch wie in der Werbung ist die Realität keineswegs. In der industrialisierten Landwirtschaft werden Kühe heute zu regelrechten Turbohochleistern herangezüchtet, die immer mehr Fleisch und Milch produzieren. Waren es vor hundert Jahren noch rund 2000 bis 3000 Liter Milch pro Kuh und Jahr, flossen in den 1960er-Jahren schon durchschnittlich 5000 Liter. Heute liegt die Leistung bei 7000 bis 10 000 Litern. Im US-amerikanischen Wisconsin stellte kürzlich die Kuh Gigi mit 33 861 Kilogramm Milch in 365 Tagen einen neuen – fragwürdigen – Weltrekord auf.

Ermöglicht werden die hohen Leistungen durch die Zucht und das Kraftfutter. Statt nur mit Gras und Heu wie einst, werden Turbokühe heute mit Soja, Mais und Getreide zugefüttert. Die Folgen: Statt wie früher 20 leben Milchkühe noch 5 bis 6 Jahre. Futtermittelimporte ermöglichen den Bauern zudem, ohne zusätzliches Land mehr Tiere zu halten, was wiederum die ökologischen Kreisläufe stört und zu überdüngten Böden führt. Durch das Kraftfutter wird die Kuh zur direkten Nahrungskonkurrentin von uns Menschen.

Martin Ott vom biodynamischen Gutsbetrieb Rheinau rechnet vor: »Jede europäische Kuh frisst etwa 2,5 Tonnen Kraftfutter pro Jahr. Das ist das Essen, das fünf Menschen ernähren könnte. Und sie macht daraus das Essen für einen Menschen. Das heißt, jede europäische Kuh vernichtet Essen für vier Menschen pro Jahr. Wenn das europaweit 15 Millionen Kühe nicht täten, dann hätten 60 Millionen Menschen mehr zu essen.«

Wer also nur noch Fleisch und Milch von solchen Bauernhöfen konsumiert, die ihre Kühe ausschließlich mit Gras füttern, schont nicht nur die Umwelt und die Ressourcen in den Soja produzierenden Ländern wie Brasilien, wo der Tropenwald riesigen Anbauflächen weichen muss, sondern trägt auch seinen Teil bei zur Lösung der weltweiten Hungerproblematik.

Wandertipp

Via Lucmagn – Auf den Pfaden der alten Säumer

Route: Lukmanier–Alpe Croce–Pertusio–Acquacalda–Alp Pian Segno–Böcc di Scar–Campra–Olivone

Höhenmeter: 435 m↗ 1430 m↘
Distanz: 17 km
Zeit: 5 h 30
Schwierigkeit: T2

Auf alten Säumerpfaden vom Benediktinerkloster Disentis über den Lukmanierpass nach Olivone führt ein uralter Weg, von dem hier der Abschnitt vom Pass bis hinunter ins Bleniotal wärmstens empfohlen wird. Vom Lukmanierpass folgt man dem Fluss Brenno, kommt vorbei an den Alpwirtschaften Croce del Lucomango und Pertusio und durch den Arvenwald von Selvasecca, dem größten seiner Art auf der Alpensüdseite. Nach Acquacalda geht's hinab Richtung Alp Pian Segno bis nach Böcc di Scar, wo der alte Weg mit seinen abgetretenen Pflastersteinen noch gut sichtbar ist. Nach Campra wandert man durch ein geschütztes Hochmoor, dann weiter nach Camperio, dessen Hospiz die jahrhundertealte Geschichte des Lukmanierpasses bezeugt. Olivone, das Endziel der Wanderreise, ist mit seinem Hausberg Sosto, dem Museum »Ca da Rivöi« und seinen schönen Villen durchaus einen Besuch wert.

Ufem Bühl
Lenk im Simmental (BE)
1150 m

2 ha

Ufem Bühl

Gleich beim Skilift in Lenk, dort, wo die Skifahrer zu Tal flitzen, schmiegt sich das vierhundert Jahre alte, fast schwarz verfärbte Häuschen an den Hang. Schneeflaum bedeckt die Bäume und Matten. Der Wildstrubel, der höchste und schönste Lenker zuhinterst im Simmental, präsentiert sich ganz in Weiß.

Rauch steigt in den grauen Winterhimmel. Edith Freidig, 87, heizt den Holzofen ein. Über fünfzig Jahre wohnt die Bergbäuerin schon Ufem Bühl. Einst bewirtschaftete sie das Land zusammen mit ihrem Mann Werner ganz ohne Maschinen, dafür mit Sensen, Rechen, Beil und Hornschlitten – Berglandwirtschaft wie anno dazumal.

Dokumentiert hat Edith Freidig all das mit der Schmalfilmkamera, die sie 1959 kaufte und stets dabei hatte. Ob in Japan, Iran, Jemen, Indien, Kenia, Marokko oder am Berg im heimischen Simmental: Stets war ihr das liebste Motiv ihr Ehemann, abgelichtet beim Ärvelen und Dengelen, Heuen und Holzen, oder auf einer ihrer vielen Reisen rund um die Welt.

Dass aus den Dutzenden von Filmspulen später ein Dokumentarfilm entstehen würde, hätte sie sich nie erträumt. Der Film *Drum het äs es gfiumt. Dengeln, Super 8 und anderes altes Zeug* von Lidija Burcak und Nicholas Stücklin ist eine Hommage an die harte handwerkliche Berglandwirtschaft, eine Ode an die Liebe und ein Dokument über eine Zeit, an die sich Edith Freidig gerne zurückerinnert.

Edith Freidig

Sekretärin, Fotografin und Filmerin

Bern, im Frühling 2016. Bei der Filmvorführung im Alpinen Museum ist der Saal proppenvoll. Edith Freidig, die hüftlangen, schlohweißen Haare akkurat aufgesteckt, mit feiner Metallbrille und elegantem Rock, steht auf dem Podium Rede und Antwort.

Podiumsleiterin Lucia Reinert: Die Filme aus Ihrem Bergbäuerinnenleben zeigen eine längst vergangene Welt, die man leicht romantisieren könnte. Sie haben etwas Erdiges, Naturverbundenes. Aber es war bestimmt auch sehr anstrengend?

Edith: Sehr! Aber auch naturverbunden. Da es keine Subventionen gab, mussten wir zu allem Sorge tragen, zu den Tieren, dem Land, dem Wald.

Lucia Reinert: Sie bewirtschafteten alles von Hand, weshalb?

Edith: Es hätte mit unserem Heimetli und unseren sechs Jucharten nicht drin gelegen, zu motorisieren, das hätte niemals rentiert.

Lucia Reinert: Und das Filmen? Eigentlich haben Sie die Kamera fürs Reisen gekauft und erst später auch Ihre traditionelle Bauernarbeit festgehalten?

Edith: Ja, das war mir von Anfang an ein Anliegen. Wenn ich meinem Mann zuschaute, wie er mit einer gewissen Leichtigkeit zugange war, faszinierte es mich, das festzuhalten, zumal ich wusste, dass das alte Bauernhandwerk verloren geht.

Lucia Reinert: In den Filmen hielten Sie die alten Kulturtechniken fest. Ganz tolle Bilder gibt's zum Beispiel vom Ärvelen.

Edith: Ja, in Unterlangenegg, wo ich aufgewachsen bin, meinte man mit dem Ausdruck »zwei, die einander umarmen«, aber in Lenk heißt das was ganz anderes, wie mir Werner beibrachte, nämlich: das Heu zusammenrechen, sodass es ein schönes, eben, »Ärveli«, gibt. Sieben, acht dieser Ärveli hat er jeweils zu Heuburden zusammengebunden, sie aufgeschultert und mit der Pfeife im Mund in den Heuschober hinuntergetragen, wo er die Burden abends verzettete. Eine enorm anstrengende Arbeit!

Letzten Sonntag bin ich gerade wieder um die Welt gereist.

Lucia Reinert: Schauen Sie die Filme immer noch ab und zu an?

Edith: Ja, jeden Sonntag Abend. Letzten Sonntag bin ich gerade wieder um die Welt gereist *(Gelächter im Saal).*

Drei Monate früher, Lenk ist in Schnee gehüllt. Edith Freidig stapft vom Bahnhof über vereiste Sträßchen und einen schmalen Fußweg zu ihrem Hof hinauf. Unterwegs schwelgt sie in Kindheitserinnerungen.

Meine Eltern waren Kleinbauern mit drei Kühen im stotzigen, voralpinen Gebiet in Unterlangenegg ob Thun. Unter meinen vier Brüdern war ich die Zweitjüngste. Drei Kühe und fünf Kinder, das sagt genug …

Ich hatte eine schöne Kindheit, obschon meine Eltern streng waren. Aber sie haben uns viel, viel, viel an Weisheit mitgegeben für den Lebenszirkus. Sie erzählten uns oft von früher. Zum Beispiel, dass Vater eine Stiefmutter hatte. Seine Mutter starb, als er halbjährig war. Danach wurden seine Schwester und er im Steffisburger Gemeindehaus auf einem Tisch ausgestellt, auf dass sie jemand ersteigere. Diejenigen, die am wenigsten verlangten, bekamen sie. Damals musste die Gemeinde den Stiefeltern etwas bezahlen für die Verdingdienste.

Uns wär's gleich ergangen, das wussten wir, wenn wir auf dem Hof nicht durchgekommen wären oder wenn eins der Eltern gestorben wäre. Dann wäre ich zu meiner Tante Frida nach Genf gekommen und die Buben zu irgendeinem Bauern. Die Zeiten waren damals so.

Hungern mussten wir nicht, trotz des Weltkriegs. Wir hatten große Äcker mit Getreide, Weizen, Korn.

Aber hungern mussten wir nicht, trotz des Weltkriegs. Wir hatten große Äcker mit Getreide, Weizen, Korn, und mussten Esswaren abliefern: Kartoffeln, Milch, alles mögliche. Die Gemeinde legte fest, wohin man die Dinge bringen musste. Werners Familie lieferte Holz ins Dorf hinunter – für die Leute in der Stadt, zum Heizen. Damals stand in jeder Stadtwohnung ein Ofen. Es war ein vollkommen anderes Leben als heute.

Als zehnjähriges Mädchen ging ich zum ersten Mal zu meiner Tante nach Genf. Es war ihr Vorschlag, damit ich mal in die Welt hinaus käme. Ich aber hatte nur Sehnsucht nach Daheim und nach dem Land, die Stadt gefiel mir überhaupt nicht *(lacht)!* Trotzdem war ich von da an jeden Sommer drei Monate bei ihr und lernte das Stadtleben kennen. Ich wusste ja noch nicht einmal, wie ein WC funktionierte, zu Hause hatten wir nur ein Plumpsklo. Aber bald schon kannte ich Genf wie meinen Hosensack. Und meine Brüder, die über die Sommerferien zu Hause mithalfen beim Heuen und Emden, waren immer ein bisschen neidisch auf mich, weil ich in die Ferien verreisen durfte.

Oben beim Hof angekommen, klopft sie sich den Schnee von den Schuhen, streift sie an der Holzleiste neben der Treppe ab, und tritt auf Socken ins Haus, die Stiefel in der linken Land. Am Eingang hängt immer noch der elegante, grüne Filzhut ihres verstorbenen Mannes, als wäre er nur mal kurz weggegangen. In der Küche stellt sie den Elektroofen an, die Stube wird sie gegen Abend mit Holz einheizen, dann serviert sie Tee.

Ich wäre ja gerne in die Sekundarschule nach Thun gegangen, aber das konnten wir uns nicht leisten. Es hieß, erst müssten wir für die Buben schauen. Dabei wäre ich so gerne Lehrerin geworden. Daran durfte ich aber noch nicht mal denken. Meine Mutter meinte nur: Dann nimmst du halt eine Stelle an, du heiratest ja sowieso einmal.

Meine Mutter meinte nur: Dann nimmst du halt eine Stelle an, du heiratest ja sowieso einmal.

Nach der Haushaltsschule, die ich einen Winter lang besuchte, arbeitete ich in Thun in einer Metzgerei und kam im Frühling wieder heim, um auf dem Hof mitzuhelfen. Einen Sommer lang besuchte ich die Frauenarbeitsschule in Thun. Wir fingen an mit einem Unterrock, dann kamen Blusen, Röcke hinzu. Meine Kleider habe ich eigentlich alle immer selber genäht.

Dann kam ich in die Käsefabrik nach Thun, wo wir um Viertel vor sieben anfingen und bis abends um sechs durcharbeiteten – mit nur einer kurzen Mittagspause. Dafür hatten wir am Samstag frei. Aber das war hart. Und im Winter, wenn Schnee auf den Straßen lag, landete ich mit dem Velo ein paar Mal unsanft auf dem Boden. Mit jedem Mal wurde mir klarer, dass ich das unmöglich den ganzen Winter lang machen konnte. Darum schaute ich mich nach einem Zimmer um, das aber auch wieder vierzig Franken kostete.

Irgendwann reichte es mir, immer nur schuften und schuften und schuften für 73 Rappen die Stunde! Zusammen mit meiner zukünftigen Schwägerin, die auch dort arbeitete, ging ich eines Abends ins Büro und sagte: Wir kommen dann morgen nicht mehr. Dazu ließ ich noch einen Spruch fallen – man wisse hier nicht recht, ob man in einem Gefängnis stecke oder in einer Strafanstalt.

Danach war ich zwei Jahre in der Munitionsfabrik in Thun, wo ich Pulver für die Minenwerfer abwog. Die Arbeit war zwar anstrengend, aber der Lohn war besser. Ein Franken dreißig, vierzig, ich weiß nicht mehr genau. Man musste sparsam leben, ja.

Doch dann bin ich eines Tages auf dem Weg zur Arbeit verunglückt. Zweiundzwanzigjährig war ich und am Morgen früh mit dem Velo nach Thun unterwegs. Es regnete in Strömen. Dann knallte es, ich kollidierte mit einem Auto und blieb mit einem Schädelbruch bewusstlos liegen. Meine Halswirbel waren verschoben, die Nerven des linken Arms aus dem Rückenmark herausgerissen und sonst noch dies und das. Die Ambulanz brachte mich ins Spital nach Thun. Dort fragte ich die ganze Zeit nach meinem linken Arm, ob der noch da sei. Doch, doch, der sei da!

Es folgten sieben Monate Spital in Thun, zwei Monate Kur in Baden und danach noch eine lange Therapie. Eine Zeitlang musste ich jeden Tag zur Untersuchung. Aber das Gefühl im linken Arm kam nicht mehr zurück, er ist seitdem gelähmt.

Trotzdem hab ich später noch viel fertiggebracht. Ich hab geturnt und geturnt, so gut ich nur konnte. Stieß den Arm stundenlang immer wieder die Wand hinauf: rauf, probiert, rauf – und es ist tatsächlich viel besser geworden. So gut, wie es kein Doktor je erwartet hätte. Ich konnte sogar wieder beim Heuen mithelfen, das tat mir gut.

Aber ich verlor durch den Unfall meine Arbeit, ich wurde gekündigt. Ich hab noch versucht, mich zu wehren, und gesagt, während Krankheit oder Unfall dürften sie mich nicht kündigen! Ja, dann müssten sie halt jemanden andern ziehen lassen, der arbeiten könnte, hieß es. Laut ärztlichem Bericht könne ich das nie mehr. Jetzt ist es aus, dachte ich mir. Ich hatte keine Arbeit mehr, nichts mehr, fertig, Feierabend. Es war schrecklich! Ich war zweiundzwanzig Jahre alt und invalide!

Es war schrecklich! Ich war zweiundzwanzig Jahre alt und invalide!

Doch dann empfahl mir der Masseur des Spitals, ich solle doch Maschinenschreiben lernen. Erst war ich skeptisch und entgegnete, ich könne ja nicht mal mit zehn Fingern tippen – wie solle das denn mit fünfen gehen? Aber er ermunterte mich, mich bei der Behindertenhilfe zu erkundigen. Und tatsächlich, auf meine Anfrage hin brachten mir die von der Pro Infirmis eine Schreibmaschine und einen Lehrgang aus Deutschland für die Kriegsinvaliden. Damit hab ich geübt und geübt und geübt, keinen Sonntag mehr hab ich mir gegönnt. Einhändig, aber blind, so schreibe ich, über die ganze Tastatur hinweg. Das braucht unerhört viel Übung.

Bei einer Sammelaktion für den Invalidenverband lernte ich eines Tages zufällig den Rektor des kaufmännischen Verbands kennen. Wie ich bei ihm im Büro saß, fing er an, mir Fragen zu stellen, was mein Vater von Beruf sei – Landwirt – und wie viele Kühe und wie viele Kinder wir hätten. Damit wollte er wissen: Was für ein Stand ist das? Sind das Reiche oder Arme? Dann schilderte ich ihm das mit dem Schreibmaschinenschreiben. Und er ermutigte mich, weiter zu üben, er wolle schauen, ob er für mich eine Stelle finde.

Und tatsächlich bewarb ich mich bei der Munitionsfabrik, bei der ich schon einmal gearbeitet hatte, und durfte mich beim Adjunkt Fritz Moser vorstellen. An jenem Freitag packte ich mein Schnürli, mit dem ich die Umschalttaste befestigte und an meinem Knie festband – so konnte ich sie mit den Beinen bedienen. Er gab mir einen Text zum Abschreiben. Wie ich später herausfand, korrespondierten der Adjunkt und der Rektor miteinander, Fritz Moser hatte wohl schon von mir gehört *(lacht)*. Jedenfalls, das Abtippen ging gut. Nach einem Weilchen sagte der Adjunkt, so, das reiche, ich könne am Montag anfangen. Und so landete ich mit fünfundzwanzig im Lohnbüro, wo ich über ein Jahr lang blieb. Im darauffolgenden Herbst wurde ich auf die Sektion für Schießversuche verwiesen, wo ich Schießberichte ins Reine schrieb, die sie auf der Allmend von Hand notiert hatten. Von da an wurde ich halbjährlich befördert, bis ich bei der Krankenkasse landete, wo ich blieb, bis ich heiratete.

Der Adjunkt Fritz Moser förderte mich sehr, er war wie ein Vater zu mir. Kurz vor seiner Pensionierung beförderte er mich gar noch ins Beamtenverhältnis. Aber kaum war sein Nachfolger da, Adjunkt Meier, hatte ich keine Unterstützung mehr. Im Gegenteil, bei jeder Gelegenheit hieß es: Ihr mit eurem Arm! Der Chef der Kranken kasse fing auch damit an. Er beugte sich über meinen Schreibtisch und schimpfte, die Invaliden seien alle Schmarotzer! Das machte er so lange, bis ich in Tränen ausbrach. Dann lachte er jedes Mal nur höhnisch.

Eines schönen Tages bekam ich dabei einen Asthmaanfall. Ich hechelte, sprang zum Fenster und schnappte nach Luft. Von da an musste ich mir zwei Jahre lang Spritzen verabreichen lassen. Es war Mobbing im gröbsten Sinn. Jahrelang habe ich geschwiegen. Aber eines Tages, als der wieder anfing zu wüten, da hat's mich verjättet. Plötzlich drehte ich mich um und brüllte ihn an: Halten Sie Ihr verfluchtes Lumpensaugefäß! Ich habs laut rausgeschrien. Danach kündigte ich, zumal ich Werner schon kannte und wusste, er steht zu mir. Aber ohne diese Missstände hätte ich wohl nie ans Heiraten gedacht. Mit sechsunddreißig hatte ich drei Wochen Ferien und reiste in der ganzen Welt herum. So was kann man sich nur leisten, wenn man ledig ist.

Mit sechsunddreißig hatte ich drei Wochen Ferien und reiste in der ganzen Welt herum. So was kann man sich nur leisten, wenn man ledig ist.

Ja, die Reiselust, die ist ein Kapitel für sich. Ich hab sie wohl von meiner Mutter geerbt. Sie waren dreizehn Kinder daheim, zwei Buben, die andern alle Mädchen. Zu jener Zeit gab's keine Arbeit, darum sind sie ausgeflogen, nach Nordafrika, Ägypten, England, Frankreich. Das Reisen lag also in den Genen. Mich fesselte besonders Marrokko. Ich erlebte es noch zu einer Zeit, als es ganz urtümlich war. Die ritten mit den Eseln durch die Hauptstraßen! Heute kann man hinfahren, wo man will: Autos auf der ganzen Welt, Straßen voller Autos! Da war das Eseli gesünder. Nein, heute zieht es mich nicht mehr dorthin. Da schaue ich lieber meine Filme an und versetze mich in die alten Zeiten zurück *(lacht)*.

Auf allen meinen Reisen war nämlich die Kamera mit dabei. Das Fotografieren hat mir schon als Kind Spaß gemacht. Mein erster Fotoapparat war eine Kontaflex, eine Spiegelreflex, die hab ich noch. Die Filmkamera für meine zweite Marokkoreise lieh ich mir von einem Arbeitskollegen. Er erklärte mir, worauf ich achten sollte, auch beim Filmkauf. Und wieder zurück, zeigte er mir die Fehler auf –

ich könne mit der Kamera doch nicht so hin- und herschwenken *(lacht)!* Ich lernte viel von ihm.

Mittlerweile filme ich längst nicht mehr. Man bekommt die Filme für die Super-8 gar nicht mehr. Außerdem muss ich der Lampe für den Filmprojektor Sorge tragen. Bis jetzt funktioniert sie noch, zum Glück. Und die liebsten Filme sind mir ja immer die mit Werner …

Im Frühling 1965 trafen wir uns zum ersten Mal. Er kam in die Beiz herein, setzte sich zu uns Ausflüglern hin und dachte sich gleich: Die will ich. Das sagte er mir natürlich nicht sofort *(lacht)*. An der Verlobung beichtete ich ihm dann, dass ich mich für eine Reise nach Fernost angemeldet hatte, und fragte ihn, ob ich die noch machen dürfe. Ich hatte eigens einen Filmapparat gekauft und einigermaßen Englisch gelernt. Jawohl, ich dürfe, sagte er. So reiste ich also von Bagdad über Kambodscha nach Bangkok, weiter nach Hongkong, Japan, Formosa, weiter auf die Philippinen … wunderschön!

Am 20. November 1965 heirateten wir. Als es um die Hochzeitsreise ging, fand Werner zwar erst, er wäre für eine Reise schon zu haben, aber fliegen würde er nicht, da falle man vom Himmel runter. Einige Zeit später, der Zufall wollte es, gewann ich bei einem Fotowettbewerb den zweiten Preis – eine halbe Stunde Flug – und sagte zu ihm, wenn er wolle, könne er gehen, ich sei ja schon oft geflogen. Er überlegte sich's kurz und sagte, ja, doch, es reize ihn, mal über Lenk und sein Daheim zu fliegen. Wie er nach dem Flug schwärmte! Und so sind wir vier Jahre nach der Hochzeit nach Marokko geflogen und später um die ganze Welt gereist.

Als es um die Hochzeitsreise ging, fand Werner, er wäre für eine Reise schon zu haben, aber fliegen würde er nicht, da falle man vom Himmel runter.

Ja, wir hatten es wunderbar zusammen! Natürlich gab's auch kleine Streitereien. Wir mussten uns am Anfang aneinander gewöhnen. Wir waren beide schon sechsunddreißig, da hatte jeder schon sein eigenes Leben gehabt. Aber wir harmonierten gut, in der Weltanschauung, der Reiselust, der Freude am Malen und Fotografieren, in allem einfach. Wir sind zusammen gewachsen, je länger, desto mehr. Darum hatte er auch im Alter noch sagen können, er sei immer noch verliebt. Und ich auch. Er war meine große Liebe!

Sie schaut zum Porträt eines attraktiven, schwarzhaarigen Mannes an der Wand hinüber. »Hier hat Werner so herzlich gelacht!«

Bevor wir Ufem Büehl anfingen, fragte er mich, wie ich das sähe mit den Maschinen. Er wollte lieber von Hand weiterfahren. Maschinen konnten wir uns nicht leisten, ein Auto schon gar nicht. Also blieben wir dabei, während die Bauern rundherum immer

Maschinen konnten wir uns nicht leisten, ein Auto schon gar nicht.

mehr motorisierten. Ich half mit, wo ich konnte. Mit der Sense zu mähen und sie zu schleifen, hatte ich schon als Kind gelernt. Das Dengeln klang so schön!

Milch fürs Kälblein und für den Haushalt hatten wir von unseren drei Kühen, dazu Lische zum Einstreuen vom Rütteli, unserm Weideland auf 1500 Metern oben beim Wald. Und auf der Ammertenalp am Wildstrubel lag unsere Sennhütte, da sömmerten wir das Vieh, solange wir noch Selbstversorger waren. Dazu bewirtschafteten wir zwei Gärten, je hundert Quadratmeter, einen unterhalb und einen vor dem Haus beim Brunnen. Einen Sommer lang bauten wir oben die Kartoffeln und unten das Gemüse an. Im nächsten Sommer wechselten wir.

Bald schon fing ich an, die beiden Wohnungen in unserm Haus für Feriengäste zu vermieten. Die Gästeküche war anfangs noch eine Räuberhöhle, darum kochten unsere ersten Gäste bei uns in der Küche, das ging! Nach und nach bauten wir die Wohnungen aus, hoben dazu das Dach ein wenig an, bauten hinten und vorne je einen Balkon an und eine Küche ein. Im früheren Geißenstall im Parterre baute Werner ein Bad ein. Das Ganze war eine unerhörte Arbeit. Aber dadurch kam ein bisschen Geld rein – schwer verdientes Geld.

Jeden Samstag hatte ich eine riesige Putzerei. Werner ging im Winter auf dem Skilift arbeiten und im Sommer zwischen den Arbeiten noch auf den Bau. Wir lebten sehr sparsam. Aus jedem möglichen Pflänzlein bereitete ich eine Mahlzeit zu. Und stricken konnte ich zwar nicht, aber flicken umso besser. So gaben wir nicht viel aus, damit es dann alle zwei, drei Jahre auch mal wieder für eine Reise reichte.

Eine schwierige Geschichte war das mit unserm Land. Es gehörte einer Erbengemeinschaft – meinem Mann und seinen beiden Brüdern. Sie hatten ihm das Land erst zu einem annehmbaren Preis versprochen, wenn er hier bauern und nach den Eltern schauen würde. Aber nach dem Tod ihres Vaters wurde das Land zu Bauland umgezont. Darum stehen jetzt rund um unsern Hof diese Einfamilienhäuser. Und das andere Land, das einst zum Hof gehörte, ist heute Skipiste – schnell zurückgezont zu Landwirtschaftsland, dann enteignet durch die Gemeinde für die Skipistengemeinschaft! Das war das große Unglück für meinen Werner *(den Tränen nah).* Er war mit jeder Faser Bauer, und dann nimmt man ihm alles weg.

Sie geht an den Herd, um die Kartoffelsuppe aufzuwärmen, die sie gestern Abend vorbereitet hat. Alles mit der rechten Hand. Die Linke muss auch helfen, so gut es eben geht.

Ja, es gibt viel Unrecht im Leben! Ich will nicht sagen, dass wir die einzigen gewesen wären. Aber das war der Grund, weshalb wir später auf Reisen gegangen sind *(seufzt tief)*. Werner ist seelisch zusammengeklappt, er hatte Depressionen. Ferien! Da sah ich diese Ausschreibung, Sumatra–Java–Bali, drei Wochen. Ich schlug ihm vor, Ferien zu machen, das würde ihm guttun. Und er war begeistert – nach Sumatra habe er als Bub schon immer gewollt, denn auf der Landwirtschaftsschule hatte er mit einem Mann aus Java zusammengearbeitet, den er sehr gemocht hatte. Das Reisen hat ihm tatsächlich geholfen, von da an konnte er ohne Tabletten sein. Ja, es war sehr schwierig! Manch eine wäre ihm wohl davongelaufen. Aber wo hätte ich auch hin sollen *(lacht)*? Wir hatten einander gern, da geht man nicht fort.

Manch eine wäre ihm wohl davongelaufen. Aber wo hätte ich auch hin sollen? Wir hatten einander gern, da geht man nicht fort.

Edith tritt ins Stübchen neben der Küche, ihre Schatzkammer voller Erinnerungsstücke von Reisen, Kunstgegenständen aus fernen Ländern, Schallplatten, Schmuckstücken, Bildern, die Werner gemalt hat, Familienfotos. Über dem Regal steht ein schwarz-weißes Bild von ihr als vierzehnjähriges Mädchen mit großen Augen und schön geflochtenen Zöpfen, daneben ein Bild von Werner in jungen Jahren. »Er gefiel mir! Er war ein schöner Mann und hatte etwas Apartes.« Sie blüht auf, als sie von ihren Reisen und den Mitbringseln erzählt: von den Sandrosen aus Algeriens Wüste, den Schnitzereien aus Bali, die Gottheiten darstellen, den Rasseln der südamerikanischen Indianer oder dem Dolch aus Jemen. Dann geht sie in den Schopf hinaus, um Holz zu holen. »Solange die Kräfte reichen, geht's. Sobald ich nicht mehr einfeuern kann, muss ich fort.« Zurück in der Küche, tischt sie Teller und Besteck auf und serviert die Suppe.

Die hat Werner immer gemocht, Kartoffelsuppe mit Zwiebeln! Vor drei Jahren ist er an Krebs gestorben. Lange hat man nichts gemerkt, und als man's entdeckt hat, war's zu spät. Fast fünfzig Jahre waren wir zusammen, eine lange Zeit. Ich vermiss ihn sehr, er war mein Alles. Wir haben uns sehr geliebt. Aber vor seinem Tod sagte er noch zu mir: Weißt du, wenn ich sterbe, kommst du bald nach. Und ich weiß, dass wir uns wiedersehen in der ewigen Heimat!

Kürzlich, als ich im Bett lag, kam er zu mir, neigte sich zu mir hin und sagte: Ich hab dich gern. Und ich sagte dasselbe zu ihm. Dann bin ich aufgewacht.

AMNESTY
INTERNATIONAL

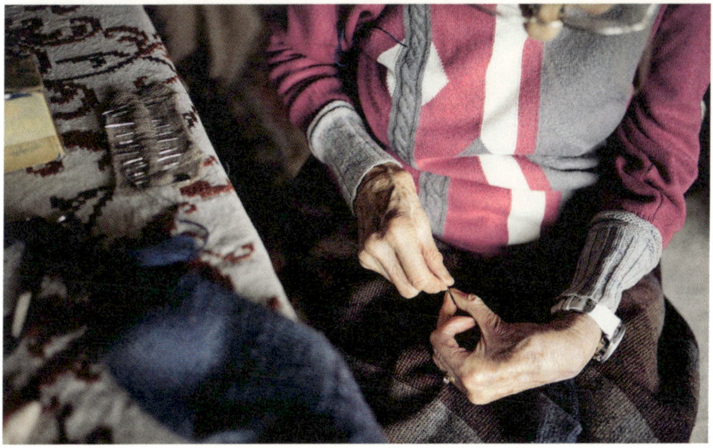

Roboter statt Muskelkraft

Die Lenker Bergbäuerin Edith Freidig hat den Wandel von der Handarbeit zur Hightech-Landwirtschaft hautnah miterlebt. Im Wissen darum, dass die handwerkliche Berglandwirtschaft aussterben würde, filmte sie ihren Mann mit ihrer Super-8-Kamera fünfundzwanzig Jahre lang beim Dengeln, Ärvelen, Holzhacken und Hornschlittenfahren, während sich um das Paar herum die Landwirtschaft radikal veränderte.

Mit der industriellen Revolution führten nämlich nicht nur Kunstdünger und Zuchterfolge zu höheren Landwirtschaftserträgen, sondern auch der Übergang von der Muskel- zur Motorkraft. Die Mechanisierung – vom Ackergaul zum Großtraktor, von der Sense zum Mähdrescher oder vom Handmelken zum vollautomatisierten Melkroboter – steigerte die Produktivität enorm.

Immer weniger Bauern produzieren heute immer mehr Lebensmittel. Lebte einst noch fast die ganze Bevölkerung in der Subsistenzwirtschaft als Bauern, arbeiten heute in der Schweiz gerade noch drei bis vier Prozent in der Landwirtschaft und produzieren für einen weltumspannenden liberalisierten Markt.

Mit der teuren Mechanisierung weicht auch der einstige »Gemischtwaren«-Bauernhof mit Viehhaltung und Acker- sowie Obstbau zunehmend den Spezialisten. Die Folge sind immer größere Betriebe, die praktisch nur noch Milch oder Fleisch produzieren oder ausschließlich auf Obst- oder Ackerbau setzen.

Die Schattenseiten der industriellen globalisierten Landwirtschaft sind hohe Abhängigkeit von fossilen Brennstoffen und chemischen Düngemitteln, Artensterben, ausgelaugte Böden, veränderter Stickstoff- und Phosphatkreislauf der Erde, und nicht zuletzt der Klimawandel, zu dem die industrielle Landwirtschaft erheblich beiträgt. Für eine zukunftsfähige Landwirtschaft im Einklang mit der Natur braucht es ein Umdenken.

Wandertipp

Übers blumen- und artenreiche Hochmoor Haslerberg

Auf der Wanderung von Lenk nach Lauenen passiert man die eindrückliche, geschützte Moorlandschaft Haslerberg, ein Paradies für seltene und bedrohte Arten wie die Knabenkräuter, Wollgräser und die Arktische Binse. Nach der wilden Wallbachschlucht mit ausgewaschenen Strudeltöpfen und glattgeschliffenen Felswänden geht's über sanfte Alpweiden, an feuchtem Kalkkarrengebiet vorbei bis hinauf zum Pass mit dem wunderbaren Weitblick, der bis ins Wildstrubel- und Wildhorngebiet hineinreicht. Von hier wandert man in den weiten Talboden hinunter bis ins schöne Dorf Lauenen, dessen Dorfkern im Bundesinventar schützenswerter Ortsbilder verzeichnet ist, mit der geschindelten Kirche, den prächtig verzierten Hausfassaden und den traditionsreichen Gasthäusern, die einen Abstecher lohnen!

Route: Lenk–Wallegg–Trütlisbergpass–Uf der Flue–Lauenen

Höhenmeter: 978 m ↗ 801 m ↘
Distanz: 14 km
Zeit: 5 h
Schwierigkeit: T1

A

Archehof Uf em Bode
Ramiswil (SO)
960 m

Biohof, Bergzone 2
7 ha

2 Schottische Hochlandrinder
16 Saaser Mutten und Walliser Landschafe
4 Kupferhalsziegen
2 Wollschweine
6 Appenzeller Barthühner
4 Diepholzer Gänse
4 Windhunde
5 Huskys
1 Jagdhund
Schwarze Bienen

www.ufembodehof.ch

chehof Uf em Bode

Still ist's auf dem Archehof Uf em Bode, der inmitten der Solothurner Juraketten auf einer Anhöhe ruht, rundherum nur Weite und Wald. In der Nacht legt sich ein funkelndes Sternenmeer wie eine Samtdecke über die Waldesruh und wacht über der kleinen Insel von Esther Müller und Roland Zweifel, die auf ihrem Hof mit ihren vom Aussterben bedrohten Tierarten einer Arche gleich achtsam durchs Leben schiffen: Rinder, Schafe, Ziegen, Wollschweine, Hühner, Gänse und Bienen sind Uf em Bode daheim, beschützt von vier eleganten Windhunden, fünf Huskys und dem Malamut-Mischling, einer Seele von Hund.

Auf dieser Insel hat Esther Müller, 57, Gynäkologin, Landwirtin und Jägerin, wieder zu sich gefunden nach dem großen, schmerzhaften Einschnitt in ihrem Leben, als ihr erster Mann freiwillig aus dem Leben schied. Zurück ließ er einen Scherben- und Schuldenhaufen. Doch dank des Hofes, den sie danach neben ihrer gynäkologischen Praxis übernahm, fasste sie langsam wieder Tritt.

Die Arbeit mit den Tieren, im Garten und auf den Aroniafeldern gaben ihr Halt. Das Leben wurde wieder bunt. Und bald schon trat eine neue Liebe in ihr Leben. Heute sieht sie den Suizid ihres ersten Mannes auch als Chance: Statt wie früher das Glück nur im Äußern zu suchen als erfolgreiche und hart arbeitende Gynäkologin und als Luxusweibchen in der Fabrikantenvilla inmitten der Cüpli-, Ferragamo- und Ferrari-Szene, hat sie ihr Glück im eigenen Innern gefunden.

Esther Müller

Landwirtin, Gynäkologin, Jägerin

Langweilig wird es ihr auch heute nicht. Esther Müllers Tag beginnt um fünf Uhr; und hätte er nicht vierundzwanzig Stunden – er würde wohl nie enden. Nebst den vier Tagen Einsatz auf dem Archehof arbeitet sie an drei Tagen in der Woche als Frauenärztin in ihrer gynäkologischen Praxis in Sissach, wo sie statt mit Traktor und Mistgabel mit Stethoskop und Spritzen zugange ist. Als sie gegen Abend elegant gekleidet aus der Praxis heimkommt, stellt sie die Handtasche auf die Kücheninsel, begrüßt ihre freudig wedelnden Hunde, serviert Tee und ofenwarmen Kirschenkuchen und taucht erzählend in ihr Leben ein.

Ich hatte schon immer zwei Seelen in meiner Brust: die erdige Naturfrau und das Luxusweibchen.

Ich hatte schon immer zwei Seelen in meiner Brust: die erdige Naturfrau und das Luxusweibchen. Das ist für mich überhaupt kein Widerspruch. In den zwanzig Jahren mit Guido war ich einfach die ehrgeizige Gynäkologin, die die Karriereleiter raufkletterte. Und nach seinem Tod kam bei mir wieder stärker das Erdige zum Vorschein, nach dem sich meine Seele schon lange gesehnt hatte.

Trotz meines Luxuslebens musste ich damals schon im herausgeputzten Garten unserer Altstadtvilla meine Hühner haben *(lacht)*. Und niemand traute sich, sich über den Hahn zu beschweren, der immer krähte. Die Nachbarn dachten wohl, gegenüber der Frau Doktor dürften sie das nicht! Die Hühner waren für mich die einzige Möglichkeit, die Verbindung zum Bauern zu schaffen. Schafe zu halten, ging nicht. Hasen wären's auch nicht gewesen. Aber immerhin hatte ich damals schon meine Windhunde.

Meine Befriedigung zog ich eben aus der Leistung und aus der Anerkennung, die ich dafür erhielt. Dafür arbeitete ich sehr, sehr hart. In meiner Zeit als Assistenzärztin in Zofingen waren 80-Stunden-Wochen ganz normal. Im Lauf meiner Fachärztinnenausbildung machte ich in der Gynäkologie alle möglichen chirurgischen Eingriffe, von Brustkrebsoperationen über Kaiserschnitte bis zum Entfernen der Eierstöcke … Erst war ich im Spital in Gais, dann in Olten, Zofingen, Zürich und zum Schluss als Oberärztin in St. Gallen. Im Jahr 2000 eröffnete ich in Sissach meine eigene Praxis. Innerhalb einer Stunde nach Eröffnung war ich praktisch ausgebucht – und zwei Jahre später hatte ich ein Burnout. Am Morgen konnte ich nicht mehr aufstehen, ich hatte solche Ängste. Guido reagierte toll, indem er vorschlug, dass wir den Laden einfach mal für drei Wochen dichtmachten. Wir gingen nach Mauritius in ein Fünfsternehotel, einfach weg! Danach konnte ich wieder arbeiten. Aber so richtig zufrieden war ich trotz allem nicht … Ich lebte immer in der Zukunft.

Und dann kam dieser unsäglich schmerzhafte Einschnitt, als Guido sich das Leben nahm.

Ich hatte schon gemerkt, dass irgendwas nicht stimmte, aber ich wusste nicht, was es war. Guido hatte ein extrem gewinnendes, joviales Wesen. Er führte das perfekte Doppelleben. Bevor er Selbstmord beging, vernichtete er noch alle Akten, sodass ich eigentlich noch heute nicht genau weiß, was passiert ist.

Meine Welt fiel in sich zusammen. Ich hatte auf einen Schlag alles verloren, stand da mit Schulden und fühlte mich so verraten von Guido, dem Menschen, den ich geliebt hatte! Ich hatte ihm wirklich völlig vertraut. Und er hatte mich auch geliebt, sein Selbstmord war nicht gegen mich gerichtet. Aber er konnte einfach nicht aus sich heraus … Jedenfalls musste ich die Villa verkaufen. Da stand ich, mit meinen fünf Hunden, meiner Praxis, und dachte, um Himmelswillen, wie geht's jetzt weiter?

Und dann kam dieser Hof. Hier habe ich langsam wieder zu mir und zu meinen Wurzeln gefunden – dank der Einsamkeit und dank der Arbeit mit den Tieren, und weil mir das alles vor Augen geführt hat, dass es ein Morgen gibt und dass nach dem Regen wieder die Sonne scheint. Die Zyklen in der Natur, der Rhythmus von Tag und Nacht, das alles hielt mich am Leben.

Ich machte die Ausbildung zur landwirtschaftlichen Betriebsleiterin, bei der ich sehr viel lernte über Felderwirtschaft, über Düngerbilanzen, Tierzucht, Landwirtschaftsgesetze und den ganzen Papierkram *(lacht)*. Und hier auf dem Hof hab ich das Wissen dann einfach umgesetzt. Manchmal kam es gut und manchmal weniger. Aber mit der Zeit bekommt man immer mehr Erfahrung.

Heute kann ich sagen, dass ich meine Aufgabe gefunden und Freude daran habe. Das Hin und Her zwischen Hof und Praxis gefällt mir. Die Landwirtschaft und der sorgsame Umgang mit der Natur haben mich viel gelehrt für einen einfühlsamen Umgang mit den Frauen in meiner gynäkologischen Praxis. Die Wissenschaft hilft mir wiederum, Prozesse zu verstehen – in der Natur oder bei den Tieren. Und ich betreibe ja nicht nur die klassische, medizinische Schulwissenschaft, sondern wende auch alternative Heilmethoden wie die Phytotherapie und die Homöopathie an. Im Kanton Baselland, wo ich meine Praxis habe, gibt's eine lange Tradition für Naturheilkunde. Ich kombiniere die Methoden, wie's der Bauch mir sagt: Bei der einen Patientin Schulmedizin, bei der anderen Naturmedizin. Und ich fahre gut damit.

So richtig zufrieden war ich trotz allem nicht … Ich lebte immer in der Zukunft.

Die Arbeit mit alternativen Heilmethoden öffnete mir auch neue Türen. Der Tod von Guido war ein Wendepunkt. Dadurch, dass ich auf einen Schlag alles verloren hatte, wurde plötzlich sehr vieles möglich, vom Feuerlaufen bis zur Schamanenausbildung. Der

Schamanismus ist ja eine sehr alte Tradition verschiedener Naturvölker. Die Kernelemente sind weltweit gleich. Für mich ist der Schamanismus allerdings nicht nur Heiltradition, sondern auch eine Lebenshaltung, die darin besteht, dass ich meine Aufmerksamkeit auch den kleinen Dingen des Alltags widme, oder dass ich respektvoll und achtsam mit meiner Umwelt, mit den Menschen, Tieren, Pflanzen und Steinen umgehe.

Seit sieben Jahren gehe ich auch auf die Jagd. Das hat mich immer schon fasziniert: die Jagdhörner, das Hundegebell – das hat so etwas Archaisches! Und es bot sich an als Möglichkeit, mich hier im Guldental zu verwurzeln, denn ich habe den Hof ja allein übernommen. Jetzt bin ich Gastmitglied im Jagdclub und habe dort tolle Menschen kennengelernt. Ihre Bodenständigkeit und vor allem ihr Umgang mit den Tieren gefallen mir. Vieles dreht sich um die Pflege des Bestands. Wir retten zum Beispiel die Rehkitze aus dem hohen Gras, gerade jetzt, wenn die Bauern wieder anfangen, zu mähen.

Diesen respektvollen Umgang mit den Tieren vermisse ich teilweise in der intensiven Landwirtschaft oder überhaupt in unserer Gesellschaft.

Diesen respektvollen Umgang mit den Tieren vermisse ich teilweise in der intensiven Landwirtschaft oder überhaupt in unserer Gesellschaft, wo das Tier oft reine Gebrauchsware ist, etwas, das man züchtet, damit es rentiert, und wenn es das nicht mehr tut, wird es geschlachtet. Unter den Jägern habe ich wirklich noch eine Haltung gefunden, die mir sehr entspricht. Natürlich geht es auch irgendwann darum, das Tier zu töten. Aber man macht es mit Achtung, und man ehrt es mit dem letzten Bissen. Ich erlege ausschließlich Tiere, die wir auch selber essen. Auch beim Fleisch von unserem Hof weiß ich, von welchem Tier es stammt und dass es das Tier bei uns bis zum Schluss gut gehabt hat. Wir begleiten unsere Tiere bis zum Schlachthof und in den Tod, um ihnen diese letzte Ehre zu erweisen. Und wir verwerten alles – inklusive dem Fell. So stimmt es für mich, maßvoll Fleisch zu essen.

Unterdessen lebe ich nicht mehr allein auf dem Hof. Nach dem Tod von Guido wollten mich meine Praxisassistentinnen schon bei »Bauer ledig sucht« anmelden *(lacht)!* Das kam zwar überhaupt nicht in Frage, aber ich ließ mich dann doch breitschlagen und meldete mich bei einem Partnerschaftsportal an: »Ärztin mit Bauernhof sucht …«. Da tauchte Roland auf – er hatte so ein schönes Profilfoto! –, und bald schon zog er mit seiner Schafherde hier ein. Roland hat Ausbildungen als Schäfer, als Hirt und im Maschinenbau, in allem Handwerklichen ist er super! Der Mann für alle Fälle und alle Felle *(lacht).* Und ich bin so dankbar, mit ihm einen herzensguten, integren Menschen gefunden zu haben. Ich vertraue ihm blind. Und obwohl wir gegen außen sehr verschieden sind, sind wir im Innern Seelenverwandte. Das ist sehr schön!

Sie geht in den Garten, um einen Salat zu holen. Wieder zurück, beginnt sie zu kochen. Dabei gerät sie ins Philosophieren über eine nachhaltige Landwirtschaft und einen achtsamen, respektvollen Umgang mit der Natur. Und sie erklärt, weshalb das für sie auch mit dem Erhalt alter Nutztierrassen und alter Pflanzensorten zu tun hat.

Ich bin nicht der Typ, der intensiv Landwirtschaft mit Düngen und Insektiziden und allem Drumunddran betreiben möchte. Es war immer schon mein Ziel, auf dem Betrieb einen geschlossenen Nährstoffkreislauf zu haben. Dass man also so viele Tiere hält, wie man auf dem eigenen Boden ernähren kann, und dass der Mist der Tiere auf dem Hof bleibt und als Dünger dient. Und da die alten Nutztierrassen der Arten- und Sortenschutzorganisation ProSpecieRara gut mit kargem Futter auskommen, wie wir's hier mit unserm rauen Klima auf fast tausend Metern Höhe haben, bot es sich an, dass wir statt der hochgezüchteten modernen auf die alten Rassen setzen. Jetzt halten wir Schottische Hochlandrinder, Walliser Landschafe, Saaser Mutten, Wollschweine, Appenzeller Barthühner, schwarze Bienen und neuerdings auch noch Diepholzer Gänse.

Unsere alten Rassen geben zwar nicht so viel Ertrag wie die Tiere in der konventionellen Landwirtschaft, wo's rentieren muss. Aber dafür sind sie robust. Den Tierarzt brauchen wir so gut wie nie. Die Kühe zum Beispiel kalben wunderbar und die Kälblein gedeihen gut.

Nach dem Tod von Guido wollten mich meine Praxisassistentinnen schon bei »Bauer ledig sucht« anmelden!

Als Roland vom Schweinefüttern zurückkommt, setzen sich die beiden zu Tisch. Es gibt Reis, Linsen und Kopfsalat aus dem Garten. Beim Abendessen diskutieren sie über Auswüchse der industriellen Landwirtschaft.

Esther: Die Zucht der ProSpecieRara-Rassen ist für uns ein Stück weit eine Philosophie. Es geht um den Erhalt der genetischen Vielfalt, damit es nicht nur noch diese Milchkuh-Maschinen gibt, die nur aus einem Euter und vier Steckenbeinen bestehen! Die armen Tiere!

Roland: Nach sechs Jahren sind die Kühe kaputt, wirklich absolut verbraucht, richtig tragisch.

Esther: Die Legehennen schmeißen sie nach einem Jahr schon weg.

Roland: Hunderttausende Hühner, die sie in die Biogasanlage werfen, weil sie die nicht verkaufen können! Wer isst schon heute noch ein Suppenhuhn?

Esther: Es wollen alle nur noch Pouletbrüstchen. Wir könnten ja Hühner züchten, die nur noch aus Pouletbrüstchen bestehen … Oder schau dir die Mozzarella-Produktion in Italien an, da schmeißen sie die männlichen Kälber auf den Müll. Die ziehen sie erst gar nicht auf, weil's nicht rentiert; die wollen nur die weiblichen Tiere. Das ist so pervers! Aber Muttermilch gibt die Kuh nur, wenn sie ein Kälbchen hat. Nach einem Jahr nimmt die Milchleistung ab. Dann muss die Kuh wieder ein Kalb haben, damit die Leistung wieder steigt. Und so geht das Spiel von vorn los: Sie nehmen ihr das Kälbchen einfach weg, die weiblichen Kälber werden zu Milchproduzentinnen, und die männlichen Kälber sind die »Abfall-Kälber«. Deswegen kaufe ich keinen Mozzarella mehr. Wegen solcher Auswüchse ist es mir einfach so wichtig, dass wir mit unserer nachhaltigen Landwirtschaft es anders machen, dass wir achtsam und respektvoll mit Pflanzen, Tieren und der Mutter Erde umgehen, dass wir die alten Nutztierrassen erhalten, auf Qualität statt Quantität setzen und wertvolle Lebensmittel produzieren – naturnah, ehrlich und unverfälscht. Seit 2015 sind wir nun auch mit dem Label Bio-Knospe zertifiziert. Wir stehen voll hinter unseren Produkten und deren Produktion. Natürlich sind wir nur ein kleiner Betrieb unter zigtausend Großen. Aber im Kleinen fängt es an. Und wir geben unser Wissen auch gerne an Menschen weiter, die nach neuen Wegen suchen.

Roland: Heutzutage ist die Wertschätzung für Lebensmittel gleich Null! Unseren Bioprodukten stehen die Produkte aus der Massenproduktion gegenüber, die zu Spottpreisen angeboten werden. Ein Kilo Rindsfilet für zwanzig Franken. Das kann unmöglich auf eine faire, saubere Art produziert werden! Das geht nur mit Massentierhaltungen auf tiefstem Niveau. Aber die Leute kaufen es munter …

Esther: … und essen dabei die Antibiotika mit, die sie den Tieren mit dem Billigfutter verabreichen. Das führt dann zu multiresistente Keimen beim Menschen, weil kein Antibiotikum mehr auf den Erreger anspricht. Und schlussendlich sterben wir daran. Das ist ein Teufelskreis! Aber der Bauer mit seiner Rinderzucht will einfach möglichst viel Ertrag, die Tierärzte sind in der Zwickmühle und sagen sich, ja, wenn ich's nicht mache, geht er zum Nächsten.

Roland: Dasselbe bei den Ackerkulturen. Das geht nur noch durch riesige Mengen, Automatisierungen und günstige Arbeitskräfte aus dem Osten. Wenn ein Bauer in Deutschland oder in Frankreich zwanzig Hektar Kartoffeln ansät, dann sind das absolute Monokulturen. Und da die anfällig sind, müssen Herbizide, Pestizide und Fungizide gespritzt werden. Also noch so ein Teufelskreis! Aber man kann der Landwirtschaft nicht die Schuld zuschieben. Wir Konsumenten haben ja das Gefühl, wir müssten immer noch günstiger konsumieren! Doch es kommt schon wieder anders. Viele Leute denken ja schon um. Man merkt's vor allem bei den Jungen, die beginnen bereits, bewusster zu leben.

Esther: Schlussendlich schneiden wir uns ins eigene Fleisch. Irgendwann fällt es auf uns zurück, dass wir die Natur und ihre Geschöpfe ausbeuten.

Irgendwann fällt es auf uns zurück, dass wir die Natur und ihre Geschöpfe ausbeuten.

Roland geht schnell nach Draußen, um die Hühner und die Gänse in den Stall zu bringen. Esther fährt fort:

Schau dir an, was in Fukushima passiert ist. Da sind zig Tonnen radioaktives Wasser ins Meer geflossen – und keiner spricht mehr davon. Niemand! Und wir essen die Fische immer noch. Von dem Moment an, als ich das von Fukushima gelesen hab, hab ich keinen einzigen Salzwasserfisch mehr gegessen!

Es gibt Meereskarten, die aufzeigen, wo das verseuchte Wasser durchströmt. Hey, das ist praktisch schon überall! Abgesehen davon, dass die Tiere verenden oder Tumore entwickeln, beeinflusst es auch die Fortpflanzung. Das zeigt sich auch beim Menschen.Als Gynäkologin habe ich ja auch mit dem Thema zu tun. Die Anzahl von Paaren mit unerfülltem Kinderwunsch ist extrem groß. Bei den Schweizer Rekruten untersucht man seit Jahrzehnten Spermiogramme und stellt fest, dass sich die Qualität in den letzten paar Jahren extrem verschlechtert hat. Und das ist ein weltweites Phänomen. Vor rund zehn Jahren hat die Weltgesundheitsorganisation WHO deshalb die Normwerte der Spermiogramme nach unten korrigiert. Aber es interessiert eigentlich niemanden, was die Ursache ist. Denn auch da steckt viel Geld dahinter. Ich bin überzeugt, dass es die Düngemittel und die Herbizide und auch die Parabene sind, die teilweise die gleiche optische Molekülstruktur wie die Schlüsselstellen von Hormonen haben. Parabene sind Kohlenwasserstoffe, die zum Beispiel in Cremes und in Kosmetika enthalten sind. Sie besetzen Schlüsselstellen bestimmter Zellen und wirken dadurch wie Hormone.

Als Roland zurück ist, diskutieren die beiden noch bis spät in die Nacht hinein über die Auswüchse der intensiven Landwirtschaft, wie gebeizten Weizen, der zu Bienensterben führt, oder über Nahrungsmittel, die zu Treibtstoff für Autos umgewandelt werden. Als Schlummertrunk genehmigen sie sich noch einen hofeigenen Nussschnaps. Am nächsten Morgen strahlt die Sonne vom kräftig blauen Himmel herunter. Einzelne Wölkchen verteilen sich wie Tupfer darin. Esther hat bereits den Geißen den Schoppen gegeben, das Kälblein getränkt, die Hühner und Gänse versorgt. Und nachdem sie auch den Hühnerstall ausgemistet hat, geht sie mit den Windhunden Gassi. Die eleganten Tiere flitzen vergnügt und wie der Blitz übers Aroniafeld, wo die beiden Mitarbeiter Seppi und Franz gerade die Stauden ausjäten.

Wir können relativ spät in die Beeren, weil hier oben auf fast tausend Metern lange Schnee liegt. Das ist die höchstgelegene Aroniaplantage Europas! Wir jäten jede der 2100 Pflanzen von Hand aus, um die Bodentriebe zu schonen. Und noch pflücken wir auch von Hand. Das ist ein Krampf! Aber die Beete sind so angelegt, dass wir künftig maschinell ernten können. Und unsere Gänse sind jetzt sozusagen als Rasenmäher gedacht und sollen das Gras zwischen den Aroniabüschen wegfressen. Ob's funktioniert, werden wir dann sehen *(lacht)*.

Später serviert Esther Tee in der mongolischen Jurte hinterm Hof.

Immer, wenn ich über etwas brüten will oder etwas überlegen muss, ziehe ich mich hierher zurück. Die Jurte hab ich aus der Mongolei, wo ich kürzlich drei Wochen mit Pferden und Packkamelen durchs Altai-Gebirge getrekkt bin. Ich hab mich dort fast wie zu Hause gefühlt!

Jetzt weiß ich, dass das Heilige in mir selber liegt.

Immer mehr fühle ich mich aber auch in mir selber zu Hause. Heute kann ich rückblickend sagen, dass der Tod von Guido bei allem Schmerz auch sehr viel Gutes hatte. Ohne diesen tiefen Einschnitt wäre ich niemals auf die Idee gekommen, Zufriedenheit anderswo zu suchen als in der äußeren Welt. Wir ergänzten uns ja so gut in dieser Welt des Scheins. Ich hätte einfach weitergearbeitet wie wild, wäre irgendwann zusammengebrochen oder hätte eine Krankheit bekommen, die mich aus dem Trott gerissen und mir gesagt hätte, so, hey, fertig! Insofern bin ich ihm auch dankbar … Ich bin versöhnt mit der Situation. Durch diesen Schicksalsschlag bin ich ein komplett anderer Mensch geworden. Ehrlichkeit, Transparenz und Authentizität sind mir heute tausendmal wichtiger als das Karrierestreben, Konkurrenzdenken und die Cüpli- und Ferrariwelt von früher, in der sich trotzdem nie das Gefühl von Zufriedenheit einstellte. Dieses »immer schöner, immer größer, immer teurer« war die Suche nach dem heiligen Gral im Äußeren. Und jetzt weiß ich, dass das Heilige in mir selber liegt. Und dass der Sinn des Lebens darin liegt, in jedem Moment aus tiefstem Herzen durch jede Zelle hindurch zufrieden zu sein, versöhnt mit allem, was ist, und sagen zu können: Alles ist gut!

Gefährdete Nutztierrassen und Kulturpflanzen erhalten

Nachhaltigkeit ist Esther Müller und Roland Zweifel wichtig. Deshalb setzen sie auf ihrem Archehof Uf em Bode in Ramiswil im Solothurner Jura nicht nur auf Bio-Produktion, sondern auch auf gefährdete Nutztierrassen wie die Saaser Mutten und Walliser Landschafe, Kupferhalsziegen, Wollschweine, Evolèner Rinder, Appenzeller Barthühner sowie die Diepholzer Gänse. Und auch bei den Pflanzen gehen sie diesen Weg. Neben alten Obstbäumen und Gemüsesorten kultivieren sie verschiedene Wildbeeren wie Holunder, Schlehe oder Ebereschen und einen Duftgarten mit alten Rosensorten. 2012 kam noch die höchstgelegene Aroniabeerenkultur Europas dazu, eine sehr gesunde und robuste Apfelbeere.

Alle diese Tiere und Pflanzen stehen unter dem Schutz der Stiftung ProSpecieRara, die für die Erhaltung gefährdeter Nutztierrassen und Kulturpflanzen steht. Dies vor dem Hintergrund, dass im 20. Jahrhundert zahlreiche traditionelle Sorten von Nutztieren und Kulturpflanzen durch Standardsorten verdrängt wurden, die besser für die Hochleistungslandwirtschaft geeignet sind.

Unter Schutz stehen die vom Aussterben bedrohten Tierrassen und Nutzpflanzen auch durch die Biodiversitätskonvention, ein internationales Umweltabkommen, dem die Schweiz 1992 beigetreten ist und dem heute 191 Staaten angehören. Die ProSpecieRara liegt damit exakt auf der Linie der schweizerischen Biodiversitätsstrategie und wird auch teilweise vom Bund unterstützt.

Ähnliche Organisationen gibt es in den europäischen Nachbarländern sowie auf überstaatlicher Ebene mit der Save Foundation zur Sicherung der landwirtschaftlichen Artenvielfalt in Europa. Denn Artenvielfalt ist Leben!

Wandertipp

Nach dem Sunneberg durch die Wolfsschlucht

Route: Passwang–Hinter Beibelberg–Ober Chratten–Vorder Erzberg–Scheltenpass–Zentner–Obere Tannmatt–Wolfsschlucht–Welschenrohr

Höhenmeter: 468 m ↗ 776 m ↘
Distanz: 20,3 km
Zeit: 5 h 30
Schwierigkeit: T2

Auf der Wanderung durch den Naturpark Thal kann man mit ein bisschen Glück seltene Tiere wie den Steinadler oder den Gelbringelfalter sehen. Die Wanderung beginnt auf der Nordseite des Passwang, der das Schwarzbubenland mit dem Mittelland verbindet. Nach kurzem Aufstieg durch den frischen Wald wandert man der luftigen zweiten Jurakette entlang über den Sunneberg mit atemberaubender Sicht übers Guldental bis in die Alpen. Nach dem Bergrestaurant Erzberg erreicht man, dem Grat folgend, über ein bezauberndes Wegstück bald den Scheltenpass, wo man wieder in den schattenspendenden Wald eintaucht. Nach Zentner, dem höchsten Punkt der Wanderung, geht's durch die sanfte Juralandschaft wieder hinunter zur Oberen Tannmatt und weiter durch die wildromantische Wolfsschlucht, wo 1730 der letzte Wolf in der Gegend erschossen wurde, bis nach Welschenrohr.

Geissherz
Curaglia und Soliva,
Gemeinde Medel Lucmagn
(GR)
1300 m und 1500 m

Biohof, Bergzone 4
28,5 ha

13 Mutterkühe
60 Geißen
10 Packböcke
20 Hühner
1 Hirtenhund
2 Herdenschutzhunde
4 Katzen

www.geissherz.ch
www.lacaura.ch

Geissherz

Sonnenstrahlen blinzeln durch den wolkenbeflockten Himmel und beleuchten die teils schon gemähten Wiesenflächen. Warm und weich zeichnet das Sommerlicht die Hügel im fruchtbaren Val Medel, das sich von Disentis bis zum Lukmanierpass hinaufzieht. Zuhinterst im Talschlitz erhebt sich der Péz Vallatscha mit schneebedeckten Flanken wie ein Zuckerhut in den Himmel.

Am Talausgang, in Curaglia, wälzen sich Motorrad- und Autokolonnen modernen Nomaden gleich gegen Süden. Und Nomadenblut fließt wohl auch durch Eveline Hausers, 34, und Dominik Waldmeiers Adern, brach das ziegenbegeisterte Paar doch im Sommer 2011 mit seiner kleinen Packgeißherde auf, um vom Entlebuch durch die Schweiz zu wandern. Nach zwei Monaten erreichten sie das Val Medel und schlugen – ganz seiner Schönheit erlegen – ihre Jurte auf, um sesshaft zu werden. Aber dann fing das Abenteuer eigentlich erst an.

Aus dem guten Dutzend Ziegen wurden schnell immer mehr, und heute behirten die beiden fast siebzig Tiere: fünfzig Muttergeißen, vier Deckböcke und ein Dutzend Packböcke, mit denen sie Trekking anbieten. Als sich die Chance ergab, einen Mutterkuhbetrieb zu übernehmen, packten sie die Gelegenheit beim Schopf, sodass sie heute nicht mehr nur Ziegenfleisch, Ziegenkäse und Milch produzieren, sondern neu auch Natura Beef. Und den nächsten Streich hecken sie auch schon aus.

Eveline Hauser

Bäuerin, Hirtin, Schneiderin, Zeichnerin

In Pali, beim Hauptgehöft von Eveline und Dominik außerhalb des Dorfes, ist alles kohlrabenschwarz. Vor zwei Tagen ist die Liegehalle des Freilaufstalls bis auf die Grundfeste niedergebrannt, der Überrest eines Holzrechens liegt wie ein Skelett überm verkohltem Grund. Wie durch ein Wunder – und dank des beherzten Feuerwehreinsatzes – blieb aber der Hauptstall, nur fünf Meter nebenan gelegen, verschont. Als Eveline und Dominik die Brandruine besichtigen, wird das ganze Ausmaß der Zerstörung sichtbar. Dominik erzählt:

Zum Glück ist den Tieren nichts passiert! Sie waren alle auf der Weide.

Das ist alles, was vom Stall übriggeblieben ist. Hier stand der Terratrac, unsere Landwirtschaftsmaschine. Und da, wo jetzt alles voller Löschwasser und Dreck ist, standen mal die Liegeboxen für unsere Kühe und Geißen. Zum Glück ist den Tieren nichts passiert! Sie waren alle auf der Weide.

Das Problem sind ja weniger die Finanzen … Das Gebäude haben wir in Pacht, den Schaden bezahlt die Gebäudeversicherung. Inventar, Fahrhabe und Maschinen sind auch versichert, Vollkasko. Aber der Schock! Von unserm Schlafzimmerfenster aus haben wir direkt zum Stall hinübergesehen. Um halb sechs Uhr morgens rief Eveline: Dominik, Dominik, es brennt! Ich dachte, sie habe schlecht geträumt, machte die Augen noch mal zu, schlug sie wieder auf. Und tatsächlich, hinterm Stall züngelten Flammen hoch und grässlich schwarzer Rauch stieg auf! Die Brandursache war wahrscheinlich ein Kabelbrand an der Landwirtschaftsmaschine. Als die Feuerwehr kam, war der Terratrac praktisch in Luft aufgelöst, nur noch die Reifen brannten ein bisschen. Wir hatten so ein Glück, dass nicht auch noch der Hauptstall niederbrannte! Bis Oktober muss der Stall jetzt wieder stehen, sonst haben wir keinen Platz für die Tiere, wenn sie von der Alp runterkommen. Das gibt jetzt zwar ein bisschen zusätzliche Arbeit, aber es geht vorwärts. Einzig, dass wir immer wieder vom Heuen wegspringen müssen, ist ein bisschen mühsam. Erst kommt der Vertreter der Versicherung, dann das Bauunternehmen, das die Überreste abbrechen muss, dann der Landmaschinenhändler, dann wieder die Polizei …

Eveline fährt ins Dorf zurück, um ihren Heißhunger zu stillen. Das Haus liegt einige Autominuten von der Hauptstallung in Pali entfernt. Zum Hauptstall mit zwölf Hektar Land rundherum gesellen sich vier kleinere »Satelliten«-Stallungen und mehrere Landflächen, die sich wie ein loser Flickenteppich ausbreiten. Deshalb sind Eveline und Dominik oft vom einen Stall zum andern, von einem Landblätz zum nächsten unterwegs. Aber dass das Haus im Dorfzentrum, ein ehemaliges Postgebäude, wohl nur eine Zwischenstation ist, wird klar, als Eveline dort bei der fliegenden Verpflegung mit Käsewähe vom Sesshaftwerden erzählt.

Als wir mit unsern zehn Packgeißen hier ankamen, konnten wir uns kein Haus leisten. Darum schlugen wir neben den Ställen erst unser Tipi und später unsere Jurte auf, mit der wir hin- und herpendelten. Im Winter wohnten wir in Soliva, einem kleinen Weiler auf tausendfünfhundert Metern Höhe, und im Frühling in Acla, zweihundert Meter weiter unten. Unterdessen haben wir uns in Soliva ein altes Holzhaus, einen Strickbau, gekauft. Eigentlich wohnen wir in Gedanken schon dort, aber wir müssen das Haus erst noch renovieren. Im Moment leben wir in Curaglia in einer Wohngemeinschaft.

In der Jurte verbrachten wir fünf Winter. Ich vermisse die Zeit ein wenig … Es war ein bisschen aufwendig, aber wahnsinnig schön. Manchmal mussten wir mitten in der Nacht aufstehen, um den Schnee vom Dach runter zu schoren. Das Wasser schleppten wir vom Brunnen rein. Das WC war oben bei den Ställen. Einmal hat ein Sturm den Außenmantel zerrissen. Es war immer was los, aber es ging! Jetzt, mit der Betriebsgröße, die wir erreicht haben, würden wir das kaum noch schaffen.

Sie bricht nach Caschatscha auf, um nach den Ziegen zu sehen, das Kätzchen Kautz auf der Schulter und Futter für die Herdenschutzhunde in der Tasche. Fast täglich macht sie diesen Gang. Unterwegs in der steil abfallenden Schlucht, auf deren Grund der Bergbach rauscht, taucht sie in ihre Kindheitsjahre ein.

Ich hab gerne Action! Als Kind war ich eine Rebellin. Ich zettelte oft Dinge an, mit Freunden im Wald übernachten und solche Sachen. Die Schule war eine Tortur! Mathe war gar nicht meine Stärke. Die zweite Klasse musste ich deswegen sogar wiederholen. Aber kaum war ich aus der Schule zurück, zog ich daheim meine alten Sachen an, ging nach draußen und das Leben ging wieder los *(lacht)!* Das Einzige, was mich in der Schule bei der Stange hielt, war Turnen – das fand ich super–, Zeichnen und Handarbeit. Da hatte ich immer nur die besten Noten, das stärkte mich.

Ich hab gerne Action! Als Kind war ich eine Rebellin.

Dafür sind bei mir andere Fähigkeiten stärker ausgeprägt. Ich habe einen feinen Draht für Dinge, die andere vielleicht nicht so sehen oder spüren. Ich merke, wenn es Menschen oder Tieren nicht gut geht. Eigentlich hat ja jeder diesen siebten Sinn, nur ist er bei den einen stärker ausgeprägt und bei den andern weniger … Einmal wachte ich zum Beispiel in der Jurte mitten in der Nacht alleine auf – Dominik arbeitete ja früher noch als Bühnentechniker an der Oper in Zürich und kam erst freitags heim – und war, zack!, hellwach. Ich ging in den Stall hinüber und musste bei einer Geiß Geburtshilfe leisten. Sie hatte mich gerufen, also nicht laut, sondern einfach … Ich sag den Tieren immer, wenn was ist, gebt mir Bescheid, dann komme ich und helfe euch, so gut ich kann. Daraus ergeben sich immer wieder sehr schöne Erlebnisse!

Ich sag den Tieren immer, wenn was ist, gebt mir Bescheid, dann komme ich und helfe euch.

Nach der Schule machte ich erst die Gestaltungsschule in Luzern und danach eine Schneiderinnenlehre. Parallel dazu betrieb ich intensiv Triathlon, denn das Drinnensein ging mir ganz schön auf den Keks. Ich musste die Energie einfach rauslassen und mich bewegen! Nach der Lehre besuchte ich die Bäuerinnenschule im Kloster Fahr bei Unterengstringen. Mit Schwester Beatrice ging ich oft und gerne zu den Schafen. Schon als kleines Mädchen hatte ich immer davon geträumt, Bäuerin zu werden.

Nach der Ausbildung machte ich alles Mögliche … Ich arbeitete als Hilfsschreinerin und auch als Malerin. Im Wallis half ich bei einem Bauern mit. Er hatte viele Schafe, so an die hundertachtzig Stück, dazu sechs Ziegen, zwei Pferde, zwei Esel und zwei Ponys. Das war sehr lehrreich für mich! Im Winter ging ich als Hüttengehilfin auf SAC-Hütten, im Sommer kam ich zurück auf den Betrieb oder ging wieder z'Alp. Ja, so kam ich ganz schön in der Gegend rum! Es klingt vielleicht blöd, aber eigentlich könnte ich jetzt sterben und hätte voll gelebt! Es ist wirklich so! Ich habe nichts verpasst und immer genau nur das gemacht, was mir gefällt!

Mit meiner ersten Geiß, Cora, die ich im Wallis geschenkt bekam, ging ich auf die Alp Puzzetta, wo Flurin, ein Ziegenbock von einer andern Alp, zu uns hinzustieß. Er hatte einen Abszess am Kinn und musste gepflegt werden. Dadurch ist er ganz zahm geworden. Er war mein erster Packbock, kam überallhin mit, etwa, wenn ich meinen damaligen Freund bei der Seilbahnmittelstation der Riederalpbahn abholte. Der Geißbock lief mir einfach hinterher. So nahm die Geschichte mit den Packgeißen ihren Lauf. Heute ist Flurin der Guru unter unseren Packböcken *(lacht)*.

Auf der Alp Puzzetta lernte ich Dominik kennen. Ich war Hirtin und er war als Zivildienstler mit dem Bergwaldprojekt oben. Wir gingen getrennt hoch, kamen zusammen wieder runter und landeten mit meinen Packböcken, acht Ziegen und zwei Aufzuchtrindern im Entlebucher Finsterwald in einem alten Gadenhaus, wo ich nebenher als Mädchen für alles in einem Milchschafbetrieb arbeitete. Und als wir die Zelte dort wieder ab- und mit unseren fünf Böcken aufbrachen, verschlug es uns hierher ins Val Medel.

Nach einer kurzen Nacht ist Eveline schon wieder seit sechs Uhr auf den Beinen. Sie hat einem befreundeten Älpler am Oberalppass geholfen, vierhundertzwanzig Geißen von Sedrun auf die Alp Tschamut zu bringen. Gegen zehn ist sie zurück in Pali. Der Landmaschinenlieferant ist zu Besuch und berät Eveline und Dominik, welches Modell sie neu beschaffen könnten. Während sie wie bisher das kleinere Terratrac-Modell bevorzugt, mit dem sie besser die Bergstraße hochkommt, interessieren Dominik auch die größeren Ausführungen.

Dominik: Für Siloballen ist der Kleinere einfach zu schwach. Das kannst du zwei, drei Jahre lang machen, dann geht der kaputt. Aber wenn wir wissen, was uns die Versicherung für die niedergebrannte Maschine bezahlt, haben wir mal den Rahmen abgesteckt. Es ist wahnsinnig, was die Dinger kosten. Wenn sich drei Bergbauern auf ihren Maschinen treffen, steht eine halbe Million in der Gegend rum.

Eveline: Ohne Unterstützung vom Bund ginge das nicht.

Dominik: Die Bergmaschinen werden halt in Kleinserien produziert. Die Flachlandtraktoren hingegen fahren auf der ganzen Welt herum. Von denen kriegst du fast drei Stück für den Preis einer Bergmaschine, das ist verrückt.

Gegen Mittag sind sie zurück in ihrer Wohnung. Ihre Mitbewohnerin Livia hat Pastasalat zubereitet, dazu grünen Salat aus dem Garten. Eveline brät Koteletts. Dazu servieren sie Quittensirup und Quellwasser frisch ab Hahn. Beim Essen beginnt Dominik zu plaudern.

Mich hat's aus der Stadt rausgespült. Ich bin froh, dass ich das hinter mir habe. Mich hat die ferngesteuerte Masse gestresst, der Pendlerstrom, alle mit ihren Geräten vor den Augen, Stöpsel in den Ohren … Die Gesellschaft ist extrem konsumgesteuert. Hier oben nimmst du das Portemonnaie einmal in der Woche hervor, in Zürich nimmst du es siebenmal pro Tag zur Hand.

Heute ist Flurin der Guru unter unseren Packböcken.

Ich habe früher im Opernhaus gearbeitet. Natürlich ist Kultur etwas sehr Wichtiges und Wertvolles, und das Opernhaus hat natürlich seine Berechtigung. Aber es ist einfach wahnsinnig, welche Mittel das schluckt, und alles für einen eher kleinen, ausgewählten Kreis, für den schlussendlich produziert wird. Klar, ein Bauernbetrieb schluckt auch wahnsinnige Mittel. Aber wir pflegen die Landschaft und betreiben eine sehr artgerechte, naturnahe Landwirtschaft, die nicht nur für eine kleine, ausgewählte Gruppe Menschen einen Mehrwert generiert – jeder kann mit dem Postauto hier rauffahren, spazieren und die Alplandschaft genießen. Und als Mitbringsel nimmt er dann ein Stück Geißkäse oder Natura Beef mit nach Hause *(lacht).*

Das Leben als Bauer macht für mich Sinn. Die Arbeit draußen ist nicht nur einfach eine Freizeitbetätigung wie Klettern, Bergsteigen oder Riverraften – etwas, das man tut, um danach die mühsamen Dinge des Alltags wieder besser zu ertragen –, sondern sie erfüllt. Und mit Eveline zusammen läuft's einfach super. Alle Ideen, die wir umzusetzen versucht haben, sind sehr gut gelungen! Wir haben schon viel von dem erreicht, was wir uns gewünscht haben. Und was mir auch gefällt: Das Bauern ist so vielfältig! Du musst unternehmerisch denken, kannst draußen arbeiten, hast aber auch Büroarbeit, und du hast mit den unterschiedlichsten Leuten zu tun, von Gemeindevertretern, Landwirtschaftsämtern, Gästen, Kunden, die Fleisch beziehen, bis hin zu Älplern oder Freunden und neuerdings auch Praktikanten, die mithelfen … Und natürlich die Zusammenarbeit mit den anderen Bauern rundherum.

Als Eveline wieder zu den Geißen in Richtung Muraun aufbricht, gerät sie ins Schwärmen.

Schon schön hier, gell! Aber zum Glück gibt's auch Leute, die's im Büro schöner finden, sonst wären alle hier *(lacht)!* Da oben auf dem Muraun sind unsere Geißen nach der Alp daheim. Wir sehen sie vom Haus aus mit dem Feldstecher, ich muss also nicht jeden Tag rauf. Einige Geißen erkenne ich genau, zum Beispiel die Peng. Sie heißt so, weil sie weiß ist und am Rumpf auf jeder Seite einen schwarzen Fleck hat, als hätte jemand durch sie durchgeschossen *(lacht)*. Und sie kam auch so, peng!, zur Welt. Sie ist einfach rausgeflutscht. Ich bin ja bei fast jeder Geburt dabei. Die Geißen warten manchmal auf mich, das ist schon lustig! Einmal zeigte mir zum Beispiel eine Geiß, dass sie bald gitzeln würde. Dann stand sie aber wieder auf, fraß ein bisschen, legte sich wieder hin, kaute … Ich meinte zu ihr, gut, entweder bringst du das Kitz jetzt zur Welt oder ich geh und komm später wieder. Sie schaute mich so an *(macht große Augen)*. Und ich: Okay, ich komm also in einer Stunde wieder. Und wie ich dann für eine Weile unbemerkt am Stalltürrahmen lehnte, merkte sie plötzlich, ups, sie ist da, legte sich hin und brachte sofort das Kitz zur Welt! So lustig, nicht?

Die Geißen stehen richtig Schlange, sie kommen zum Schmusen, und wenn ich mal eine vergesse, dann beschwert sie sich, mähähääää!

Wir haben an die fünfzig Geißen, und mit den Junggeißen und den Packböcken sind's etwa siebzig Tiere. Obschon ja Geißen nicht wahnsinnig rentabel sind. Man muss die Weiden sehr viel aufwendiger zäunen als bei Kühen. Und eine Kuh oder ein Kalb werfen viel mehr Fleisch ab, dazu noch solches, das fast alle essen. Aber es ist spannend, dass die Leute das Ziegenfleisch jetzt langsam wieder entdecken, wie den Ziegenkäse auch, der ist extrem beliebt, wenngleich viele noch die Nase rümpfen. Dabei sind die Produkte heute ganz anders als früher, als sie noch stark nach Geiß schmeckten. Das hat mit der besseren Hygiene zu tun – wobei es ja heute fast schon überhygienisch zu und her geht. Früher hatte jede Alp ihren Käse mit ihrem ganz eigenen Geschmack. Mittlerweile kann eigentlich jeder Senn denselben Käse machen, einfach mit genau demselben standardisierten Lab, denselben Kulturen, derselben Temperatur und so weiter. Was ja auch okay ist, aber es ist jetzt einfach anders.

Die Zeit beim Melken genieße ich immer sehr. Ich melke die Geißen von Hand und oft auf der Weide. Wenn morgens um sechs noch Nebel über den Weiden liegt und die Geißen kommen … das ist so ein schöner Moment! Etwa eine Stunde bin ich dran. Die Geißen stehen richtig Schlange, sie kommen zum Schmusen, und wenn ich mal eine vergesse, dann beschwert sie sich, mähähäää! Das ist wirklich lustig! Sie genießen es einfach, gemolken zu werden, und ich bin ihnen vertraut und sie spüren, dass ich zufrieden bin. Sogar die Packböcke und Kitze kommen. Die ganze Truppe steht dann um mich rum und wartet, bis alle fertig gemolken sind. Die Milch liefere ich der Dorfkäserei Cascharia Muraun ab, wo sie zu Frischkäse, Ziger und Halbhartkäse verarbeitet wird.

Oben auf der Weide angekommen, schlüpft sie unterm Draht hindurch. Die Herdenschutzhunde kommen wedelnd angerannt, um Hundekekse und Streicheleinheiten abzuholen. Und auch die Geißen tippeln herbei, um Eveline freudig zu begrüßen.

Das ist der Chefpackbock, Grizzly! Und das ist der Jojo. Mit ihnen und Boudi und Flurin sind wir hierher getrekkt. Aber den Boudi mussten wir schlachten, weil er Hirschwürmer hatte, sehr traurig. Und Flurin hat sich in einem Seil erhängt, das war besonders schlimm … Die Geißen, die hier sind, haben sehr junge Gitzlein, die wollte ich noch nicht auf die Alp geben, denn für den Hirten wäre es mühsam mit denen, sie können noch nicht mitlaufen. Und wenn's mal eine Woche durchregnete, wären sie schnell krank. Aber hier unter den Tannen finden sie Schutz.

Es gibt doch dieses Sprichwort: Wenn du keine Sorgen hast, kauf dir eine Geiß!

Geißen sind tolle Tiere, aber sie können einem auch den letzten Nerv ausreißen. Als Hirt auf der Alp musst du sie darum einfach lieben, sonst kommst du irgendwann an deine Grenze! Es gibt doch dieses Sprichwort: Wenn du keine Sorgen hast, kauf dir eine Geiß *(lacht)!*

Einmal hütete ich die Geißen am Piz Ault. Meist gehe ich ja bergwärts voran und hab die Herde hinter mir. Denn falls sie ausreißen, kann ich schneller runterrennen als rauf. Und wie ich oben auf dem Piz Ault ankam, dachte ich, hei, sind jetzt alle Geißen schon da? Und als ich ein zweites Mal hinguckte, sah ich, dass das ja Gemsen waren, zweihundert Gemsen! Die sind alle an den Geißen vorbeigerannt, die Geißen sind erschrocken und gleich wieder den Berg runtergerannt. Und ich ihnen in einem Höllenkaracho hinterher, über ein Geröllfeld, einfach so schnell wie möglich, gefühlte tausend Höhenmeter runter – in einer Viertelstunde. Ich habs gerade noch geschafft, die Herde den Berghang hinüberzuschicken, sonst wären sie das Tal auswärts Richtung Pardatsch gerannt. Dann trieb ich sie ins Tal hinein und über die Fuorcla dal Buora und oben gleich wieder die Bergflanke runter und heim zur Alp Puzzetta, wo wir noch rechtzeitig zum Melken ankamen *(lacht)*. Es ist gerade noch mal gut gegangen! Im Nachhinein war's wunderschön, diese riesige Herde Gemsen zu sehen! Es hat halt einfach ein bisschen Action gegeben, ich musste ganz schön rennen. Und geflucht hab ich *(lacht)!*

Am nächsten Tag in Soliva. Das Bergdörfchen besteht aus einer Handvoll Ferienhäuschen, Holzstadeln und der schönen kleinen Kapelle St. Petrus. Dominik ist mit der Mähmaschine zugange. Und während Eveline in den steileren Partien und an den Ränder mit der Sense hantiert, erzählt sie, warum sie ihr Herz ans Val Medel verloren hat.

Soliva ist der Ort, an dem wir angekommen sind. Es ist der richtige Platz für uns!

Soliva ist der Ort, an dem wir angekommen sind. Es ist der richtige Platz für uns! Das liegt auch daran, dass die Tiere hier sind, und ein großer Teil meines Herzens ist wirklich bei ihnen. Darum gefällt es mir hier so gut. Es ist ein kleines Paradies, auch wenn es seine Tücken hat. In den Bergen kann's auch sehr gefährlich sein.

Als Nieselregen aus den Wolken bricht, suchen sie in der kleinen Kapelle Zuflucht, breiten ihr Picknick aus, und Eveline gerät ins Philosophieren.

Das Wichtigste im Leben ist wohl so eine Grundliebe zu allem, zu den Menschen, zu den Tieren, zur Natur … Diese große Liebe hatte ich schon immer ganz fest in mir. Und wenn man fest mit dieser Liebe lebt, wird sie immer mehr. Irgendwie gehört ja alles zusammen. Ich hab solche Momente des Verbundenseins mit allem, was ist, vor allem in der Natur.

Das heißt nicht, dass es mir jetzt immer super ginge. Aber das Leben so anzunehmen, wie es ist, das wurde mir wohl schon in die Wiege gelegt. Zum Beispiel jetzt mit dem Stallbrand: Warum auch immer das passiert ist, es ist so, und es ist okay *(lacht)!* Das Leben geht weiter, und wir versuchen, das Beste daraus zu machen. Wir hatten ja auch großes Glück! Es hätte viel, viel schlimmer sein können.

Ich glaube schon, dass dieses »Gottvertrauen« eine Gabe ist. Und obschon ich das Wort Gott komisch finde, bin ich mir ganz sicher, dass es da etwas gibt, eine große Kraft … Ich wünschte mir schon als Kind oft Dinge, die dann eingetreten sind. Ich weiß, dass da etwas ist, das hilft …

Just ein Vierteljahr später, als die Kühe und die Geißen von der Alp runterkommen, ist der Stall wiederaufgebaut und die Tiere können ihre neuen Lager beziehen. Derweil brüten Eveline und Dominik fleißig über Ausbauplänen für ihr neues Heim in Soliva.

Landschaft schützen versus nutzen

Wo verläuft die Grenze zwischen Landschaft schützen und nutzen? Tragen die sechzehn Landschaftsparks der Schweiz dazu bei, Naturlandschaften zu erhalten? Oder bedienen sie lediglich ein romantisches Landschaftsbild einer heilen Welt und eines fiktiven Paradieses, das vor störenden Zivilisationseinflüssen bewahrt werden soll?

Das größte Nationalparkprojekt der Schweiz ist jedenfalls gescheitert. Mit dem Parc Adula hätte rund um das Rheinwaldhorn – italienisch Adula– der zweite und größte Nationalpark der Schweiz entstehen sollen. Die Fläche hätte sich, mit der Greinaebene als Herzstück, über 1250 Quadratkilometer erstreckt: von der Bündner Surselva im Nordwesten bis zum Tessiner Calancatal im Südosten – ein Gebiet größer als der Kanton Uri. Doch 8 von 17 involvierten Gemeinden lehnten das Projekt im Herbst 2016 ab und haben es damit gebodigt.

Die Argumente, wonach Parks dazu beitrügen, Natur und Landschaft zu erhalten und aufzuwerten, wobei die Landwirtschaft in der Umgebungszone eine zentrale Rolle spiele, indem sie die Kulturlandschaften pflegt, verfingen nicht. Vielmehr fürchteten die Bergler vor allem in der Kernzone um ihre Freiheit, wären doch Fischen, Jagen und Pilzesammeln verboten worden, das Strahlen – also Kristalle und Mineralien suchen – untersagt, und die Bauern hätten ihre Schafe und Geißen nur noch auf einer eingeschränkten Fläche sömmern dürfen.

»Es ist absehbar, dass die heute so einfältige Diskussion um die Zukunft der Berg- und Randgebiete künftig wieder sachgerechter geführt wird«, sagt Peter Moser, Präsident der Schweizerischen Gesellschaft für ländliche Geschichte. »Nichts gegen Naturpärke, Wolf und Bär – aber unsere romantische Vorstellung von der Wildnis ist keine Grundlage für eine aufgeklärte Zivilgesellschaft. Statt Randgebiete brachzulegen, sollten wir uns Gedanken machen, wie wir deren Potenzial aktivieren und sinnvoll nutzen könnten.«

Wandertipp

Durchs wilde Val Plattas zur Medelserhütte

Durchs wilde Val Plattas, ein Seitental des Val Medel, führt eine stille Wanderung auf die Medelserhütte, die, einem Adlerhorst gleich, in einer grandiosen, hochalpinen Bergwelt auf einem Sattel sitzt. Man startet in Curaglia und wandert bald über die große Schwemmebene der sattgrünen Alp Sura, den Piz Medel mit seinen ewigen Schneefeldern zuhinterst im Tal schon längst im Blick. Dann geht's über den rauschenden Rein da Plattas und immer steiler zur Hütte hinauf, wo einen eine fantastische Aussicht inklusive legendärer Sonnenuntergänge erwartet. Am nächsten Tag wandert man auf demselben Weg zurück, oder man macht erst noch einen Abstecher zum bezaubernden Bergsee Lai Encarden, bevor man zum Beispiel via blauweißen Wanderweg über die Fuorcla Sura da Lavaz die herrliche Greinaebene erreicht.

Route: Curaglia–Pardatsch–Alp Sura–Fuorcla da Lavaz–Medelserhütte

Höhenmeter: 1225 m
Distanz: 8 km
Zeit: 3 h 30
Schwierigkeit: T2

Reitschule Plaun Schumpeder
Santa Maria,
Gemeinde Val Müstair (GR)
1360 m

0,24 ha

13 Pferde
5 Walliser
Schwarznasenschafe und
Alpenschafmischlinge
5 Kupferhalsgeißen
6 Hühner
1 Hund
4 Katzen

www.plaun-schumpeder.ch

Plaun Schumpeder

Den Traum vom eigenen Hof mit Pferden, Schafen, Ziegen, Hühnern und einem Hund träumte Iris Hauschild, 44, schon als kleines Mädchen. Im östlichsten Zipfel der Schweiz, in Santa Maria im Val Müstair, nahe des Unesco-Kulturerbes Kloster St. Johann, ist er für sie wahrgeworden. Im Dreihundertseelendorf bewohnt sie heute das imposante elterliche Steinhaus und nennt Pferdestallungen und einen Reitplatz ihr Eigen, wo sie Reitkurse für Groß und Klein anbietet.

Nach einigen Wanderjahren ist das kreative Energiebündel mit den himmelblauen Augen und dem offenen Geist zurückgekehrt an den Ort, an dem sie aufgewachsen ist. Ihre Eltern hatte es einst aus Zürich ins Val Müstair gezogen, in dieses magisch schöne Tal an der Grenze zu Südtirol, wo die Uhren noch ein bisschen langsamer ticken.

Als Mädchen war Iris von zu Hause weggegangen, um im Unterengadin die Rudolf-Steiner-Schule zu besuchen. Zurück kam sie 32 Jahre später mit ihrem Mann David, ihren vier Söhnen und dreizehn Pferden. Heute betreibt sie die Reitschule, die sie über die Jahre aufgebaut und immer mehr professionalisiert hat, und die sie einerseits ganz schön auf Trab hält, andererseits aber auch überaus beglückt. Es ist ihre »kleine Oase«: »Auch vom Stress geplagte Städter sagen mir oft: Ach, hier kann man endlich mal wieder durchatmen! Die Pferde, Meister aller Sinne, helfen ihnen, Körper, Geist und Seele in Einklang zu bringen.«

Iris Hauschild

Reitpädagogin, Autodidaktin

Es ist ein sonniger Hochsommertag unterhalb des Dorfes. Auf dem Reitplatz üben die Kinder des Reitlagers zusammen mit Iris' Helferinnen Barblin und Samira für die morgige Reitaufführung. Iris sitzt im Hüttchen nebenan, zwischen Sätteln, Zaumzeug und Decken, blickt zum Fenster hinaus auf den Platz und gerät dabei ins Erzählen.

Fünf Reitlager mit rund achtzig Kindern führe ich diesen Sommer durch. Jede dieser Wochen schließen wir mit einer Aufführung ab, das ist wichtig. Da können die Kinder zeigen, was sie eingeübt haben. Und für die Eltern ist's auch schön zu sehen, wo die Kinder stehen.

Meine eigenen Kinder – das ist im Moment ein bisschen traurig – sind gestern gerade fortgegangen. Mein Ältester, Janic Andrin, 18, beginnt sein zweites Lehrjahr als Landwirt im Thurgau. Florindo, 16, fängt auch als Bauer an auf einem Demeterhof im Zürcher Oberland. Nemorino, 14, schnuppert im Moment auf einem Hof im Toggenburg Landluft, er fängt nächstes Jahr als Bauer an. Der Kleinste, Ilian Gianin, ist 12 und geht tagsüber in Susch in eine heilpädagogische Schule. Er kommt jetzt in die sechste Klasse. Und dass nun alle weg sind, bricht mir fast das Herz.

Das gibt jetzt eine richtige Bauerndynastie!

Aber es ist eigentlich lustig, dass es sie alle in die Landwirtschaft zieht. Janic Andrin war sicher sechs oder sieben Sommer auf der Alp Prasüra oberhalb von Santa Maria. Seine Gotte Aita ist dort Sennin. Im Herbst, vor Schulbeginn, mussten wir ihn jedes Mal fast fesseln, um ihn wieder runterzubringen. Und unsere andern Söhne verbrachten die Sommerferien auch immer auf Bauernhöfen. Das gibt jetzt eine richtige Bauerndynastie *(lacht)!*

Meine Liebe zu den Tieren hat wohl auf die Buben abgefärbt. Bei mir hat sie ja schon früh begonnen. Ich war ein sehr wildes Kind und meine Eltern waren öfters überfordert mit mir. Ich fühlte mich so unverstanden, und die Staatsschule habe ich einfach nur schrecklich in Erinnerung! Darum waren meine Eltern auch froh, dass sie mich in die Steiner-Schule im Engadin schicken konnten. Dafür bin ich ihnen sehr dankbar. Die Schule passte sehr viel besser zu mir. Ich konnte dort viele Dinge ausprobieren: Theaterspielen, Musizieren, Gestalten. Das alles bedeutete mir viel mehr als Rechnen und Schreiben.

Aber es war hart, als achtjähriges Mädchen von zu Hause fortzugehen! Ich weiß noch, wie ich die ersten drei Wochen nur geweint hab, Tag und Nacht! Zum Glück gab's da diese Pferde und Esel, sie waren meine Rettung! Jeden Morgen um sechs ging ich zu ihnen in den Stall; ich sehe mich noch, wie ich mit den Wasserkanistern durch den Schnee stapfte, der Stall lag so weit weg, es gab kein fließendes Wasser dort. Es war so gut, dass ich diese Tiere hatte! Seitdem hat mich die Liebe zu ihnen nicht mehr losgelassen.

Es war hart, als achtjähriges Mädchen von zu Hause fortzugehen! Ich weiß noch, wie ich die ersten drei Wochen nur geweint hab, Tag und Nacht!

Und ganz tief im Herzen wusste ich schon als Kind, dass ich mal eine Familie mit ganz vielen Kindern und einen Hof mit Tieren haben würde, das war immer schon das, was ich wollte. Klar würde ich auch gerne mal noch so richtig bauern, mit Kühen und selber Käsen und allem, was dazu gehört. Aber ich weiß nicht, ob ich dann einen Partner wie David hätte. Ich kenne keinen Bauern, der ist wie er. David arbeitet als Journalist beim rätoromanischen Radio und Fernsehen, er leitet das Team im Engadin. Ohne ihn wär's schwierig, er unterstützt mich sehr, wie meine Kinder und Freunde auch. Alleine könnte ich das alles niemals aufrechterhalten. Aber vielleicht steigen ja unsere Söhne hier einmal als Bauern ein.

Eigentlich wäre ich am liebsten Selbstversorgerin. Aber ich wollte keinen konventionellen Hof führen, wie es viele tun, mit diesen riesigen Traktoren, dem Gift auf den Äckern und all dem. Ich hätte lieber etwas Authentisches. Die Leute sehnen sich nämlich nach lokalen Produkten. Schafkäse, Geißkäse, Konfitüre, Gemüsepakete, man könnte so vieles selber machen. Dazu braucht man allerdings viel Land.

Ich find's völlig idiotisch, wenn das Fleisch und alle Lebensmittel in der Gegend herumgekarrt werden. Es wäre gut, wenn es hier im Tal eine Metzgerei gäbe, damit die Tiere bis zum Schlachthof nicht so weit verfrachtet werden müssen. Aber all die Vorschriften …! Man darf ja eigentlich nicht auf dem Hof schlachten, es sei denn, es ist für den eigenen Gebrauch. Auch wenn man eigenen Käse verkauft, muss man extrem hohe Auflagen erfüllen. Ich meine, natürlich muss man sauber arbeiten. Aber bei all diesen Hygienevorschriften frage ich mich schon, hey, wo sind wir gelandet?

Es wäre schön, wenn wir im Tal ein stärkeres Miteinander pflegen würden. Dem Frieden unter den Bauern war's sicher nicht förderlich, die Direktzahlungen neuerdings von der Größe des Landes abhängig zu machen. Klar muss jeder Einzelne überleben. Allerdings macht's der Kampf ums Land nicht einfacher. Ich bekomme keine Direktzahlungen, weil ich keine gelernte Landwirtin und auch keine Bäuerin bin. Was für mich zählt, ist, dass ich hier mit Pferden und Menschen arbeiten kann.

Dabei war der Weg zu meinem Reithof mein ureigener. Aus meinem Wunsch, Medizin zu studieren, wurde leider nichts wegen meiner Legasthenie und Dyskalkulie – Schreiben und Rechnen sind wirklich nicht meine Stärke. Über die Jahre arbeitete ich an den verschiedensten Orten, in Kinder- und Jugendheimen, in der Pflege, als Reitpädagogin und als Mitarbeiterin auf verschiedenen Reitbetrieben in Frankreich, Deutschland und in der Schweiz.

Auf die akademische Reitkunst kam ich vor einigen Jahren durch Pascale Kern, die heute eine ganz gute Freundin von mir ist. Die Reitweise war so anders als alles, was ich bis dahin kannte, anspruchsvoll und tiefgründig. Die intensive Beschäftigung damit ist für mich zum ersten Mal im Leben so etwas wie ein Studium, etwas, das mir extrem viel bedeutet. Pascale besucht mich immer wieder, letzte Woche erteilte sie hier Brevet-Unterricht. Wir arbeiten eng zusammen. Vor ein paar Monaten waren wir zusammen in einer Weiterbildung bei Hanna Engström, einer schwedischen Bent-Branderup-Trainerin. Auf diese Weise lerne ich immer mehr über die Körperarbeit und die Verbindung zwischen Mensch und Pferd. Es ist beeindruckend, wie fein man mit diesen Tieren arbeiten kann!

Es wäre schön, wenn wir im Tal ein stärkeres Miteinander pflegen würden.

Die akademische Reitkunst stammt noch aus jener Zeit, als man die Pferde in der Kavallerie oder in der Forstwirtschaft einsetzte oder sie vor die Postkutsche spannte. Die Leute konnten damals so gut reiten, das ist ja heute fast alles verlorengegangen. Man braucht die Pferde nicht mehr. Reiten ist nur noch ein Hobby.

Ich sehe das allerdings anders. Was ich den Kindern hier alles beibringen kann, umfasst so viel mehr als nur das Reiten. Es ist so schön zu sehen, wie viel Freude sie daran haben, Reitaufführungen einzustudieren und ihre erarbeiteten Kunststückchen vorzuführen, und wie viel sie dabei lernen können, an Motorik, Sozialkompetenz, Angstabbau … Es steckt so vieles drin!

Das gilt auch für die Arbeit mit Erwachsenen. Für Führungskräfte biete ich ein pferdegestütztes Coaching an. Das Pferd kann dem Menschen so vieles zurückspiegeln, das ist sehr beeindruckend! Wenn du zum Beispiel Spannungen in einem Team hast, zeigt sich das in der Arbeit mit dem Pferd eins zu eins. Und wenn du selber nicht klar und bestimmt bist, ist auch das Pferd abgelenkt. Pferde sind Herden- und Fluchttiere, die ein Leittier brauchen, das die Richtung vorgibt oder klare Grenzen aufzeigt. Darum merke ich bei der Arbeit auch selber immer wieder sehr gut, wo ich gerade stehe. Das tut mir gut. Diese Grundlagen des psychologischen Zusammenspiels zwischen Mensch und Tier im Kleinen weitergeben zu können, das ist der Weg, den ich gehen möchte. Und dafür ist das Val Müstair ist ein wunderschöner Ort!

In der Arbeit mit den Kindern vertrete ich die Hippolini-Reitlehrmethode. Hippolini ist ein Konzept der Heilpädagogin und Reitlehrerin Jeannette Wilke aus Deutschland. Es ist ein reformpädagogisches Konzept, das so ein bisschen auf Célestin Freinet,

Rudolf Steiner und Montessori basiert. Anders als bei den meisten traditionellen Reitlehrmethoden, die dem Militär oder dem Turnen und Voltigieren entstammen, wird das Pferd nicht einfach an der Longe lange im Kreis herumgeführt. Stattdessen arbeiten sechs bis acht Kinder mit zwei Ponys zusammen, und alle Kinder sind immer beschäftigt. Die Hippolini-Lektionen sind so aufeinander aufgebaut, dass die Kinder alles rund ums Pferd lernen, also auch die ganze Theorie: Wie lebt ein Pferd? Was frisst es? Wie geht man mit ihm um? Wie striegelt man es? Man lässt die Kinder das Pferd erfahren und lässt ihnen dabei sehr viel Freiraum. Beim Reiten haben sie keinen Sattel und kein Zaumzeug, das heißt, sie müssen wirklich schön ausbalanciert auf dem Pferderücken sitzen. Mit dieser Methode erreichen viele meiner Schüler schon in relativ kurzer Zeit – in zwei, drei Jahren – das Reitbrevet I, also die Grundausbildung des Schweizerischen Pferdesportverbands.

Später, beim Rundgang über den Reithof, windet Iris ihren Mitarbeiterinnen ein Kränzchen.

Ohne meine tollen Mitarbeiterinnen Barblin und Samira könnte ich das alles gar nicht machen! Barblin war vierzehn Monate hier. Unterdessen ist aus ihr und unserem ältesten Sohn Janic Andrin sogar ein Paar geworden. Jetzt geht sie nach Basel, um dort Jura zu studieren. Darum kommt nun wieder jemand Neues, auch wenn es gar nicht so einfach ist, Leute zu finden, die ins Val Müstair raufkommen.

Man lässt die Kinder das Pferd erfahren und lässt ihnen dabei sehr viel Freiraum.

Dabei kann man bei mir Dinge lernen, die man sonst nirgends findet. Normalerweise ist der Werdegang so vorgezeichnet, dass du entweder Pferdepflegerin oder Pferdefachfrau wirst; für letzteres absolvierst du eine dreijährige Lehre. Aber was ich mit der akademischen Reitkunst, dem pferdegestützten Coaching und der Hippolini-Ausbildung anbiete, kannst du so in keiner Lehre lernen. Ich biete den jungen Menschen einen ganz anderen Weg in die Arbeit mit Pferden an. Bei mir können sie pädagogische Arbeit und den Umgang mit Verantwortung lernen. Ich lasse sie sehr frei arbeiten. Das ist sehr wertvoll, für die Jungen und für mich! Ich brauche Leute, die mitdenken.

Im Moment weiß Barblin wohl sogar besser als ich, wie es läuft im Stall. Sie ist längst von einer Praktikantin zu einer Mitarbeiterin geworden. Der Test bei mir ist immer, was ich für ein Gefühl habe, wenn ich meine Kursteilnehmer mit meinen Mitarbeiterinnen auf einen Ausritt losschicke. Bei Barblin weiß ich, dass ich mich hundertprozentig auf sie verlassen kann.

Gegen Abend, nachdem Iris die Hühner gefüttert und die Wäsche aufgehängt hat, trifft sich die ganze Familie mit den jungen Mitarbeiterinnen im Garten hinterm Haus am langen Tisch zum Abendessen. Bei Fenchelsalat, Brot und Käse erzählt Iris, wie sie – zusammen mit ihrer Familie – ins Val Müstair zurückgefunden hat.

Iris: Solange David noch in Zürich Philosophie studierte, wohnten wir im Zürcher Oberland. Ich arbeitete damals in einem Kinderheim. Als wir in die Region Chur zogen – David arbeitete dort beim Radio und Fernsehen –, fing ich mit meiner Reitschule an. 2008 gingen wir nach Ftan ins Engadin und 2013 schließlich hierher nach Santa Maria.

David: In Ftan waren wir sehr gerne. Aber ein Zweitwohnungsbesitzer monierte, unser Reitplatz liege auf Landwirtschaftsland und wir seien ja keine Bauern.

Iris: Dabei war das der schönste Reitplatz, den ich je hatte. Er lag auf einem Plateau hoch überm Unterengadin. Diese Aussicht!

David: Wir wären sehr gerne im Engadin geblieben …

Wenn du nicht Millionär bist, findest du als einheimische Familie mit Tieren nichts. Das Engadin ist schlichtweg ausverkauft.

Iris: … aber wenn du nicht Millionär bist, findest du als einheimische Familie mit Tieren nichts. Das Engadin ist schlichtweg ausverkauft.

David: Und dann wurde Iris' Elternhaus in Santa Maria frei. Iris' Mutter hatte sich in der Scheune nebenan eine Alterswohnung eingerichtet. Und es waren alle einverstanden, dass wir einen Teil des Hauses übernehmen.

Iris: Aber wir überlegten es uns gut. Früher hätte ich mir niemals vorstellen können, ins Münstertal zurückzukommen und hier zu leben. Bis ich irgendwann merkte, dass es eigentlich gar nicht so eine Rolle spielt, *wo* man lebt, sondern vielmehr, *wie* man ist.

David: Das Dorf Santa Maria war sehr daran interessiert, dass wir als junge Familie hierherziehen. Sie haben für uns extra den Platz unten beim Bach zur Pferde- und Sportzone umgezont. Hier ums Haus herum haben wir ja kaum Land. Und für den Stallbau bekamen wir Unterstützung von der Berghilfe. Damit kriegten wir's finanziell gerade so auf die Reihe.

Iris: Und von wegen, hier kommt doch kein Mensch rauf! Der Übergang lief praktisch nahtlos. Kaum waren wir hier, startete schon wieder das erste Reitlager!

Später kommen die beiden auf die überdachte Reithalle zu sprechen, von der Iris träumt. Die Frage ist allerdings, wie die finanziert werden soll. Denn reich wird man mit Pferden nicht, sagt Iris.

Das sehe ich bei allen meinen Kolleginnen. Es ist ein hartes

Business. Und es ist immer dasselbe: Man arbeitet sehr viel, damit man auf einen grünen Zweig kommt. Die Pferde sind teuer, die Weiterbildungen kosten. Das ist vielen Leuten gar nicht so bewusst. Aber ich will auch gar nicht immer nur größer werden. Meine Pferde sind keine Maschinen. Ich will sie nicht verbrauchen. Wenn sie in einem Betrieb extrem viel laufen, laufen und laufen müssen, stumpfen sie ab. Ich will also nicht expandieren, sondern höchstens ein bisschen spezifischer werden und mich weiterbilden. Hanna Engström in Schweden wird meine Meisterin sein. Sie hat mich mit ihrer Arbeit dermaßen berührt, dass sie zu meinem Vorbild geworden ist.

Noch bis spät in die Nacht hinein sitzt die Familie gemütlich im Garten. Erst als die ersten Regentropfen fallen, huschen alle ins Haus und hüpfen ins Bett. Morgen ist der große Tag! Die Kinder führen ihren Eltern die Kunststücke vor, die sie mit den Islandpferden einstudiert haben. Am Vormittag laufen die Vorbereitungen auf Hochtouren. Die Kinder striegeln die Pferde, putzen auch sich selber mit bunten Zirkuskostümen heraus und spielen bei der Generalprobe nochmals alles durch. Iris steckt sich die Haare hoch, bindet sich ein rotes Tuch als Turban um den Kopf und wandelt sich so flugs zur Zirkusdirektorin. Auch ihr ist die Nervosität anzumerken. »Ich bin ja gespannt, ob das alles gutgeht heute Nachmittag!« Als sich die Eltern am Rand des Reitplatzes versammelt haben, betreten die kleinen Artisten mit ihren Pferden die »Manege«. Ihre Augen glänzen, die Gesichter strahlen, und stolz und freudig führen sie akrobatische Kunststücke vor. Es folgt begeisterter Applaus und ein gemütlicher Ausklang bei Kaffee und Kuchen. Langsam kann sich nun auch Iris wieder entspannen. Der krönende Abschluss der Reitwoche ist geglückt, und nachdem sich alle freudig verabschiedet haben, fährt sie zu den Geißen und Schafen hinauf nach Sach, weit oberhalb von Santa Maria, von wo der Blick bis weit hinunter nach Südtirol reicht. »Chööööömed! Chööööömed! Chöööööömed!«, ruft sie nach den Tieren, von denen weit und breit nichts zu sehen ist. »Chom! Chööööööömed!« Dann ein Glöckchenbimmeln. Und als die erste Schafnasenspitze zwischen dem Geäst auftaucht, kommt bald die ganze Herde angetippelt. Iris verteilt Salz und getrocknetes Brot.

Ich stoße die Leute wohl hin und wieder vor den Kopf mit meiner direkten Art.

Diese Momente hier mit den Tieren genieße ich so! Sonst habe ich ja immer Menschen um mich herum. Deshalb schätze ich diese Einsamkeit umso mehr. Die Geißen und Schafe geben mir so eine Ruhe! Hier oben hab ich Abstand. Denn manchmal habe ich das Gefühl, die Leute im Tal sind so anders als die im Unterland. Ich stoße sie wohl hin und wieder vor den Kopf mit meiner direkten Art. Ich exponiere mich halt, wenn ich die Dinge so mache, wie ich es für richtig halte. Ich tue meine Meinung kund und ecke damit zum Teil auch an. Warum soll man Probleme nicht direkt ansprechen?

Samstagmorgen in der Küche. Iris ist schon seit halb sechs auf den Beinen, war schon bei den Hühnern, und bereitet das Frühstück mit frischgebackenem Zopf vor. Anschließend fahren David und sie ins Val Mora, um nach ihren Pferden zu sehen, die dort den Sommer auf der Alp verbringen.

Manchmal beschleicht mich das Gefühl, wir seien am Verblöden: Die Menschen konsumieren und starren in ihre Gerätchen. Sie spüren gar nicht mehr, was die wahren Werte sind, das wirklich Gute und Einfache. Vielleicht täten ein bisschen mehr Ruhe und Bewusstsein gut. Schau dir das Val Mora an. Ist das nicht umwerfend?

Manchmal beschleicht mich das Gefühl, wir seien am Verblöden: Die Menschen konsumieren und starren in ihre Gerätchen.

Drum freue ich mich jedesmal, wenn ich hier raufkomme. Ich versuche, die Pferde einmal die Woche zu besuchen. Über die Sommermonate ist das neben den Reitlagern manchmal gar nicht so einfach. Aber ich bin in gutem Kontakt mit dem Hirten Emil. Er ist 78 und seit über vierzig Jahren Hirt – fit wie ein Turnschuh! Was der an Kilometern zurücklegt! Er hütet Kühe, Rinder und Pferde. Und wenn irgendwas ist, meldet er sich.

Als Iris oben am Berg die Pferde entdeckt, kleine Tupfer auf den sonnigen Alpwiesen, stellen sie das Auto ab und gehen zu Fuß zu den Pferden hinauf. Am Himmel kreist der Adler.

Ich muss ehrlich sagen, manchmal ist es auch sehr schwierig. Über den Sommer bin ich so beschäftigt, dass ich ab und zu einfach unglaublich müde bin. Ich trage permanent die Verantwortung für die Kinder, die Tiere und alles, was hier passiert. Darum gibt's auch Momente, an denen ich alles hinschmeißen könnte. Aber wenn ich dann wieder an so einem schönen Ort wie hier und bei den Tieren bin, erfüllt mich plötzlich so ein Glück, das ich gar nicht erklären kann.

Wenn man so lebt wie ich, muss man wirklich vollen Einsatz leisten. Dafür wird man reich beschenkt. Ich kann so viele Menschen glücklich machen. Das motiviert mich, dranzubleiben.

K

Echte Pferdestärken

Pferde waren einst aus der Landwirtschaft nicht wegzudenken. Neben Kühen und Ochsen zogen sie Pflug, Egge und Sämaschine über den Acker, transportierten die Milch in die Käserei, den Mist und das Saatgut aufs Feld, das Kurzgut wie Rüben, Kartoffeln und Grünfutter zurück auf den Hof, das Holz aus dem Wald … Und auch die Dreschmaschine wurde noch durch Göpel angetrieben, also von Pferden, die, in einem überdachten Rossgang im Kreis laufend, Kronrad und eine Welle antrieben.

Doch in den 50er- und 60er-Jahren des letzten Jahrhunderts wurden die Pferdestärken nach und nach durch Motoren ersetzt. Heute ist das Pferd als Arbeitstier praktisch von Feldern und Wiesen verschwunden, dafür als Freizeitpartner und Reit- und Kutschpferd zurückgekehrt.

Dabei hat kaum ein anderes Tier die Entwicklung der Menschheit so stark mitgeprägt wie das Pferd. Sein Vorläufer, der vor 50 bis 35 Millionen Jahren in Nordamerika und Europa existierende Eohippus, war ein nur fuchsgroßes Tier. Domestiziert wurde das Pferd vor 4000 bis 5000 Jahren in den südosteuropäischen Waldsteppen, in Mitteleuropa und den sibirischen Waldsteppen. Lange wurde es ausschließlich zur Fleischgewinnung gehalten, später auch als Zugtier eingesetzt und erst seit 2500 Jahren auch als Reittier. Heute ist das Pferd in der ganzen Welt zu Hause.

Und es wird von einigen Bauern in industrialisierten Ländern wie der Schweiz sogar wieder neu entdeckt als Zug- und Lasttier. Denn in Sachen Nachhaltigkeit, Ressourcen- und Umweltschutz stellt es jede Maschine in den Schatten und ist jedem fossil betriebenen Traktor sowieso eine Nasenlänge voraus.

Wandertipp

Durchs magisch schöne Val Mora

Das zauberhafte Val Mora hat das gewisse Etwas, das sich kaum in Worte fassen lässt, eine unerklärliche Magie, die einen in den Bann zieht, etwas Erhabenes, das einen ehrfürchtig erstarren lässt vor so viel Schönheit. Aber um das hautnah zu erfahren, muss man man's selber erwandert haben! Dazu startet man zum Beispiel beim Ofenpass. Nach Süsom-Givè geht's erst hinauf bis nach Jufplaun, und bald schon wähnt man sich in Kanada, während man auf den bequemen Forststraßen durch die weite, unberührte Landschaft des Val Mora wandert, vorbei an Murmeltieren, Kühen und Pferden und am stolzen Felsmassiv des Cucler da Jon dad Onsch, der über dem Tal zu wachen scheint. Nach Döss Radond, der Wasserscheide, taucht man bald ein in einen Wald aus Tannen, Bergkiefern und Arven und folgt dem Wildbach Aua da Acqua hinab ins Tal bis nach Santa Maria, dessen Grundstein der Legende nach einst von Karl dem Großen gelegt worden ist.

Route: Ofenpass, Süsom-Givè–Jufplaun–Alp Mora–Däss Radons–Alp Praveder–Alp Clastras–Santa Maria, Santa Maria scoula

Höhenmeter: 414 m↗ 1161 m↘
Distanz: 22 km
Zeit: 5 h 30
Schwierigkeit: T2

Näcki
Intschi (UR)
1320 m

Biohof, Bergzone 3 und 4
8 ha

1 Ochse
4 Rinder
3 Kühe
3 Kälber
6 Hühner, 1 Hahn
1 Kater
1 Hündin
1 Hund
1 Hausmaus

Näcki

Nichts liebt Luzia Biber, 54, so sehr wie das Alleinsein! Um sich herum nur ihre Hühner, und überhaupt: die Tiere. Davon abgesehen sind ihre wichtigsten Zutaten für ein glückliches Leben: Kaffee, Kerzen, viel Tabak und Schokolade.

Fast wie ein Museum mutet ihr Rückzugsort an, den sie bei Toni, ihrem zweiten Mann, gefunden hat – hoch überm Urner Reusstal, ganz in der Nähe des Arnisees. Falls der Föhn nicht allzu sehr an der Kabine rüttelt, gondelt sie mit der Bergbahn in ihr Nest hinauf, das sie mit allerlei Krimskrams und Heiligenfiguren ausgeschmückt hat.

Luzia, die frühere Weinbäuerin, Zirkusangestellte, Älplerin, Bardame und Sterbebegleiterin, träumte einst von einem Dasein als Domina, Schriftstellerin – oder als Nonne. Weil sie das Alleinsein schon damals so sehr mochte. Heute ist sie angekommen im Näcki, ihrem kleinen Bauernhof, der sich fest in den Steilhang krallt, als hätte er Angst, den Berg hinunterzupurzeln.

Hier hält sie auch winters die Stellung, wenn Toni, wie alle anderen Bauern auch, mit dem Vieh im Tal ist. Diese stillen Tage, wenn Hirsche, Gemsen und Rehe ihr Gutnacht sagen, sind Luzias Sternstunden. Dann taucht sie ein in ihre Zwergen-, Feen und Zauberwelt, versorgt dazwischen die drei Kälber, die oben geblieben sind, hätschelt ihre Hühner, den dreibeinigen Kater Carlo oder geht mit der verrückten Hündin Crazy an der frischen Luft spazieren.

Luzia Biber

Bäuerin, Älplerin, Sargmacherin, Sterbebegleiterin

An der Bergbahnstation, ihrer Lebensader, holt Luzia über die Wintermonate die Lebensmittel ab, die Tonis Schwester im Tal einkauft und per Gondel hinaufschickt. Von dort geht's in einer knappen Stunde Fußmarsch über enge Pfädchen, abfallende Hänge und durch dichten Nadelwald hinunter zum Hof im Näcki auf der lieblichen Waldlichtung. Es liegt noch Schnee. Unterwegs gerät Luzia ins Erzählen.

Im Winter sind wir die Einzigen hier oben. Das Weglein zur Gondel ist dann meistens so eingeschneit wie jetzt. Den Großeinkauf an Lebensmitteln machen wir im Herbst, und für die Frischprodukte rufe ich Tonis Schwester Antoinette an oder geh auch mal selber ins Tal hinunter. Aber ich bin kein Freund vom Gondelfahren, gar nicht! Es ist jedes Mal eine riesige Mutprobe, und bei Sturm oder wenn der Föhn bläst, ist's der Horror!

Hündin Crazy schnappt übermütig nach einem Stoffhasen, den Luzia an einer Peitsche befestigt hat.

Ein Hunde-Profi hat mir zum Spiel mit dem Hasen geraten. Ich war so verzweifelt wegen ihrem Jagdtrieb! Den krieg ich zwar auch so nicht ganz weg, aber immerhin wird er kanalisiert. Jetzt im Frühling, wenn das Wild auf die Lichtung kommt, Hirsche, Gemsen und alle paar Jahre auch der Luchs, muss sie tagsüber drinbleiben. Die Rehe kommen meist erst im Sommer. Oft äsen sie, wenn wir in der Lichtung am Heuen sind, unten am Waldrand. Die Mütter mit ihren Jungen kommen auch ganz nah ans Haus heran!

Hier in der Gegend darf man jagen. Die haben Toni schon direkt vor dem Haus Hirsche abgeschossen. Doch seit ich hier bin, hab ich den Jägern schon einige Male lieb und anständig gesagt: Ich kann es euch nicht verbieten, aber wenn ihr ein bisschen Rückgrat und Respekt habt, dann akzeptiert ihr, dass hier nicht gejagt wird! Ihr könnt jederzeit vorbeikommen auf einen Kaffee, aber das Gewehr wird vor dem Haus abgestellt, es wird nicht geschossen. Ihr kriegt Kaffee und Schnaps, so viel ihr wollt, ich mach euch auch noch einen Kuchen. Aber wenn ihr denkt, ihr müsstet mir das Wild vor dem Haus abknallen, dann könnt ihr abfahren!

Einmal bin ich auf die Jäger losgegangen, so stinkwütend war ich!

Einmal bin ich auf die Jäger losgegangen, so stinkwütend war ich! Wenn sie im Bündnerland einen Hirsch schießen, dann binden sie den an einen Ast und tragen ihn zu zweit oder zu viert zum Auto herunter. Und hier? Hier schleifen sie ihn einfach hinter sich her, über die Wege, Steine, überall Blutspuren …! Wisst ihr was, hab ich dann gesagt, wenn ihr nicht genügend Eier in der Hose habt, geht nicht auf die Jagd! Entweder tragt ihr die toten Tiere heim und erweist ihnen so die letzte Ehre. Oder ihr macht einfach einen großen

Bogen um mich herum! Nein, ehrlich, ich habs nicht mehr ertragen! Aber in den letzten zwei Jahren war's gut. Auch mit dem Bauern, der immer zum Jagen auf die Intschi-Alp raufkommt, komm ich jetzt gut aus. Der war ganz entzückt von meinen Hühnern und wollte mir ein paar befruchtete Eier abkaufen. Ich hab ihm einige mitgegeben, die sind geschlüpft, und jetzt ist er ein riesen Hühnerfan *(lacht)!*

Der Hahn Stephan zum Beispiel, der liebte es, wenn ich ihm vorlas.

Ich lieb ja meine Hühner, die Graggeli, über alles! Gestern haben Toni und ich ein provisorisches Hühnergehege gebaut, denn vor einer Woche haben der Habicht und der Milan penetrant angefangen, die Hühner zu holen. Bald bekomme ich einen richtigen Hühnerstall. Weil wir von der Zucht auf Aufzuchtrinder umstellen, wird auf dem Rinderstafel der Stall frei, das wird jetzt mein neuer Hühnerstall.

Als ich noch in Habkern wohnte, hatte ich für meine Hühner Vorhänge und Rosentapeten in den Stall gehängt. Wenn neue Hühner kamen, begrüßte ich sie auf einer Tafel mit »Herzlich willkommen!« *(lacht).* Als der Tierarzt mal da war, auch so ein Geflügelfan, nahm er mich in den Arm und sagte: Frau Biber, ich bin Fan von Euch! Zum ersten Mal im Leben treffe er jemanden, der Vorhänge im Hühnerstall habe – er habe selber nämlich auch welche! Da hat's gleich gefunkt! Noch heute, wenn ich mit einem kranken Huhn nicht weiter weiß, rufe ich ihn an und frage ihn um Rat.

Die Hühner machen mich glücklich, auch wenn's mir mal nicht so gut geht. Der Hahn Stephan zum Beispiel, so ein mächtiger Italiener-Güggel, der liebte es, wenn ich ihm vorlas. Ich nahm ein Buch, setzte mich in den Garten, dann machte es schwupp!, die ganze Schar kam angerannt, Stephan hüpfte mir auf den Schoß, und ich las den Hühnern laut vor. Schon als Kind hatte ich das Gefühl, ich sei die Königin und Schutzpatronin der Hühner *(lacht).* Jetzt ist allerdings das Füessli, eines meiner beiden achtjährigen Hühner, schwer krank. Ein paar Mal schon dachte ich, ob ich sie jetzt wohl himmeln muss? Sie sieht gotterbärmlich aus. Toni müsste sie ... Er hat ja eine Pistole für den Fall, dass irgendetwas ist mit dem Vieh und er es ... *(atmet tief durch).* Lieber ein Ende mit Schrecken als ein Schrecken ohne Ende. Aber ich glaube, es ist noch nicht Zeit für s'Füessli, sie will noch ein bisschen leben.

Tiere hab ich schon immer lieber gemocht als Menschen.

Tiere hab ich schon immer lieber gemocht als Menschen. Eigentlich lernte ich erst im Erwachsenenalter, Freundschaften zu pflegen. Als Kind war ich extrem isoliert. Ich stotterte wie verrückt, konnte kaum sprechen und hatte immer Angst vor den Lehrern und vor der Schule, weil ich dort gehänselt wurde. Darum war ich jede freie Minute im Wald bei meinen Tieren. Mit dreizehn bin ich sogar mal ein halbes Jahr abgehauen und hab in Schleitheim im Schaffhausischen im Wald gelebt. Via Vermisstenmeldung über Fernsehen und Radio haben sie mich gesucht …

Als Luzia beim Gehöft am steilen Hang ankommt, ragt der Bristen vis-à-vis spitz wie eine Pyramide aus den Wolken. Es ist kühl. Kaum tritt man zur Tür herein, wähnt man sich in Alices respektive Luzias Wunderwelt versetzt: Rosa und hellgrün sind die Wände des Häuschens angemalt, überall Feen-, Drachen- und Zwergenwesen, ein Hirschgeweih hängt an der Wand, und auf der Küchenabdeckung dient ein Alienkopf als Kellenhalter. In Luzias kreativer Ecke vor dem Fenster stapeln sich Bastelmaterialien. Das ist Luzias farbenfrohes Zauberreich, über das sie wacht wie eine Königin. Sie setzt Wasser auf und serviert Kaffee und Kuchen.

Unglaublich, was ich gewerkelt, gespachtelt, geschliffen und gestrichen hab! Ich hab zu Toni gesagt: Wenn du möchtest, dass ich hier einziehe, stell ich dir die Hütte auf den Kopf! Die Wände beim Eingang waren vorher ganz schwarz, die Stube dunkelbraun – wie halt die Bauern hausen. Toni hatte hier mit seiner Mutter gelebt bis zu deren Tod. Früher waren sie sogar zu acht gewesen, sechs Kinder und zwei Erwachsene! Als ich das Häuschen zum ersten Mal sah, dachte ich: Luzi, rette dich! Hau einfach ab, solange es noch geht! Oder musst du dir mit 49 noch mal sooo viel Arbeit aufhalsen *(lacht)?*

Ich hab zu Toni gesagt: Wenn du möchtest, dass ich hier einziehe, stell ich dir die Hütte auf den Kopf!

Carlo, der dreibeinige Kater, setzt sich schnurrend zu ihr auf die Bank.

Was die im Laufe ihres Lebens alles zusammengeramscht haben und was ich hier an Gerümpel rausgetragen hab …! Fürs Gröbste halfen mir zum Glück zwei Schwestern von Toni. Da kam Zeugs zum Vorschein! Ein Gesichtssolarium zum Beispiel. Was haben wir gelästert – das habe sicher Antoinette gehört, die immer so eitel tat … Und was stellte sich heraus? Es war Tonis! Ich konnte es nicht glauben! Wozu braucht ein Bergbauer am Südhang ein Gesichtssolarium? Meine Nerven! Das hat er sich noch jahrelang immer wieder anhören müssen *(lacht).*

Auf dem Fenstersims pickt eine Gelbmeise nach Körnern. Luzia öffnet das Fenster, guckt hinaus, zündet sich eine Zigarette an und bläst den Rauch nach draußen.

Toni war der erste Bauer hier in Gurtnellen, der mit Bio anfing. Er war auch der erste Gurtneller, der sich ein Silo und Kunststoffpfähle anschaffte. Sie sind nicht so schwer zu tragen wie die aus Holz, man kommt schneller voran. Das steile Land zu bewirtschaften, ist ziemlich anstrengend. Ich hab nur diesen kleinen Flecken

Garten vor dem Haus, der einigermaßen eben ist, sonst ist überall nur Hang. Mit den Jahren spüre ich es in den Beinen. Stellenweise kann man kaum noch stehen. Toni hat Nägel in den Schuhen, das gibt ihm einen besseren Halt. Manchmal geh ich beim Heuen fast auf allen Vieren, so steil ist's hier.

Auch die Winter sind rau. Alleine könnte ich in einem harten Winter nicht hier oben bleiben, das würde ich nicht schaffen. Je nach Wetter kommt der ganze Hang ins Rutschen. Kürzlich riss eine Lawine zwei Bäume mit, direkt an unserer Haustür vorbei. Als wir am Morgen aufgestanden sind, mussten wir erst den Schnee wegschaufeln, wir kamen gar nicht mehr zur Tür raus. Als Toni noch mit seiner Mutter hier oben war, lag einmal dermaßen viel Schnee, dass die Gemeinde Gurtnellen anrief und fragte, ob es nicht gescheiter wäre, sie würden runterkommen. Mit all dem Schnee kamen sie mit dem Vieh schon gar nicht mehr weg. Aber es ist ihnen nichts passiert, weil sie Karfreitagseier vergraben hatten, also Hühnereier, die am Gründonnerstag und Karfreitag gelegt worden waren. Das ist so Brauch. Die Karfreitagseier schützen Haus und Hof, dann passiert dir nichts im Urnerland.

Manchmal geh ich beim Heuen fast auf allen Vieren, so steil ist's hier.

Luzia geht rasch den Stall ausmisten. Danach springt sie kurz unter die Dusche, schlüpft in frische Kleider und beginnt, das Fondue für das Abendessen vorzubereiten. Als sie auftischt, leuchtet ein Meer von Kerzen auf dem festlich geschmückten Tisch.

Ohne Kerzen fehlt mir die Seele im Haus. Bei meinem ersten Mann durften Kerzen auch nicht fehlen. Ich war ja schon mal verheiratet, mit einem Weinbauern. Wir hatten uns in Maienfeld kennengelernt, wo ich aufgewachsen bin, in der Bündner Herrschaft, mitten in den Reben!

Mein Mann und ich bewohnten in Oberhofen ein neunhundert Jahre altes Haus und arbeiteten dort als Rebbauern. Ich erledigte in den dreieinhalb Hektar Rebberg die ganze Handarbeit: Binden, Ausbrechen, Lauben, Bognen. Und er machte die Bodenarbeit und kelterte den Wein. Ja, und dann kam unsere Tochter Xenia zur Welt, obendrein hatten wir den Garten, und im Rebstübchen bewirteten wir Gäste … Es war viel Arbeit!

Als wir uns trennten, war ich vier-, fünfundzwanzig. Ich ging mit nichts aus der Ehe und fing wieder bei Null an. Xenia war noch nicht im Kindergarten und die meiste Zeit bei mir. Ich wohnte in Ringgenberg in einem Schlösschen. Endlich hatte ich das Schlösschen, von dem ich immer geträumt hatte! Aber es war natürlich eine WG, alleine hätte ich mir so was gar nicht leisten können. Als es nach fünf Jahren verkauft wurde, stand ich auf der Straße. Alle meine Tiere verteilte ich rundherum an meine Freunde: Enten, Hasen, Meerschweinchen, Katzen, den Hund. Und dann kam ich nach Habkern in dieses Bergdörfchen.

Die erste Zeit arbeitete ich in Interlaken im Goldenen Anker an der Bar, danach drei Monate im Zirkus. Später hielt ich Nachtwache in einem Altersheim, begleitete dort auch Sterbende. An den Abenden, an denen ich frei hatte, arbeitete ich an der Bar. So. Nach acht Jahren war ich ausgelaugt, hatte einen Nervenzusammenbruch, da war fertig.

Ich musste aufs RAV, die Regionale Arbeitsvermittlungsstelle, und hab natürlich nicht sofort etwas Neues gefunden; ich ging ein bisschen Putzen und Häuserräumen. Und dann wagte ich mich an die Bäuerinnenschule – trotz meiner Angst vor dem Lernen, die ich von Kindsbeinen an hatte, weil ich immer gehänselt worden war. Es war ein Sprung ins kalte Wasser – und es hat mir dermaßen den Kopf freigemacht, dass ich von da an einen Kurs nach dem andern besuchte, und außerdem noch in Sterbebegleitung, und, und, und. Die Bäuerinnenausbildung war das Beste, was mir passieren konnte!

Sie zündet sich eine neue Zigarette an und nimmt einen Zug.

Zur Alp kam ich ebenfalls wie die Jungfrau zum Kind. Z'Alp zu gehen, war schon immer mein Traum. Aber ich dachte immer, Luzia, du hast das nicht gelernt, und als Frau, und so anstrengend, und du kannst ja nicht … Aber eines Tages, gerade als ich mit meiner Freundin Mägi mal wieder auf die Rossbodner Alp in die Ferien wollte – wir zwei alleinerziehenden Mütter hatten dort mit unsern Kindern immer die Ferien verbracht –, da kam ein Anruf. Der Älpler Kari sei gestorben – mit vierzig, Herzinfarkt. Wir gingen noch an die Beerdigung und dann dort rauf. Einer aus dem Tal war kurzfristig eingesprungen, sonst hätten sie das Vieh wieder runterbringen müssen.

Für mich war diese Alp immer etwas Besonderes gewesen. Ich ging also zum Älpler, der eingesprungen war, und sagte: Hör zu, ich hab keine Alperfahrung, aber ich schlag dir was vor. Ich arbeite jetzt eine Woche lang bei dir mit. Du zeigst mir die Alp und alles. Und nach einer Woche sitzen wir zusammen und ich schau, ob ich die Alp übernehmen will. Er war froh über meinen Vorschlag, denn er hatte ja ein Baugeschäft im Tal und fand deshalb: Gut, so machen wir's!

Am nächsten Morgen erschien ich mit meinem Röcklein zum Melken. Ja, hast du keine Hosen?, fragte er mich. Nein, hatte ich nicht *(lacht)*. Hab also mit meinem Röcklein dort gemolken. Dann gingen wir Zäunen, Feierabend, alles wunderbar. Und am nächsten

Morgen, als ich mich gerade auf den Weg machen wollte, stand der Alpvogt Gleis vor unserer Hütte und sagte: Hoi Luzia, ich hab nur Gutes von dir gehört und dass du die Alp übernehmen willst … Und ich: Stopp, stopp, stopp! Wir haben abgemacht, dass ich eine Woche hier arbeite und dann schauen wir, ob's gut ist. Doch der Gleis meinte: Nein, der Älpler geht heute! Der will und kann nicht mehr. 2700 im Monat – ist das gut? – Und ich: Halt, stopp! – 2700, es ist deine Alp! Ab sofort! … Ich stand nur dort … hatte überhaupt keine Alperfahrung! Am Morgen um halb sechs! Dann drückte er mir den Schlüssel in die Hand und weg war er *(lacht)!*

Ja, und dann ging das wie Butter. Jeden Abend rief ich das traditionelle Gebet und bat alle Wesen aus der Umgebung um ihre Hilfe und Unterstützung. Das hat in der Regel funktioniert. Ich leg ihnen auch immer Geschenke raus, Schnaps und Schokolade. Du musst ihnen Dinge schenken, die du selber auch gern hast. Wenn du ihnen etwas rauslegst, das du selber nicht magst, dann machst du sie stinkwütend! Das ist so was von respektlos! Auf den Alpen, wo ich Kühe oder Geißen molk, habe ich immer ein bisschen frische Milch für die Wesen hingestellt. Und nach meinem ersten Alpsommer konnte ich alle hundert Tierlein wieder gesund abgeben. Danach war mir klar, dass ich weitermachen will. Zehn Jahre war ich auf der Alp, sechs davon hier oben auf der Intschi-Alp, wo ich Toni kennenlernte. Ich bin Tonis erste Frau. Seine Mutter lebte schon nicht mehr, als wir uns ineinander verliebten. Rundherum hatten alle das Gefühl, sie sei gegangen, damit er endlich seine erste Frau kennenlernen konnte.

Jeden Abend rief ich das traditionelle Gebet und bat alle Wesen aus der Umgebung um ihre Hilfe und Unterstützung.

Aber manchmal prallen bei uns schon Welten aufeinander. Dann sag ich immer zu ihm: Du bist selber schuld, du hast dir halt keine einfache Frau ausgesucht. Vor allem wenn's um die Tiere geht, haben wir oft verschiedene Ansichten … Da kann eine Kuh zwei, drei Mal hintereinander ein Kalb bekommen und schön aufnehmen. Und wenn's dann im dritten, vierten Jahr mit der Besamung nicht klappt, heißt's bei Toni gleich: Jetzt ist fertig, ab in die Metzg! Damit habe ich echt Mühe! Was das Enthornen angeht, da haben wir das Heu sowieso nicht auf derselben Bühne. Und mit der Homöopathie konnte er am Anfang ebenfalls nichts anfangen, obschon seine Schwester Annemarie ihre Tiere auch mit Homöopathie behandelt. Und jetzt, endlich, endlich, seitdem auch eine andere Bauernfrau, vor der er großen Respekt hat, mit Kügelchen arbeitet, ging bei ihm ein Törchen auf.

Zu später Stunde holt Luzia ihre alte, sterbenskranke Henne Füessli aus dem Hühnerstall ins Haus herauf und legt sie unter der Treppe unter dic Wärmelampe. »Das A und O ist jetzt die Wärme! Aber ich hab wirklich das Gefühl, über diese Nacht … Gell, Füessli, du musst nicht kämpfen.« Am nächsten Morgen ist die Henne tot. Luzia wickelt sie in Stroh ein und bringt sie hinüber zum Seelenbaum am Rinderstafel, wo sie für jedes verstorbene Tier ein Glöckchen aufhängt. Unterwegs sinnt sie nach übers Abschiednehmen.

Das Sterben und der Tod waren für mich schon immer ein Thema. Ich hab ja lange Zeit Sterbebegleitung gemacht. Mit einer Freundin zusammen versuchten wir uns mit einem Sarggeschäft, »Schöner Sterben«. Die Idee war, dass man sich den Sarg selber aussucht und seine Dinge noch zu Lebzeiten regelt. Unterdessen führt Polo Hofers Frau den Laden. Sein Lied »S letschte Hemmli« ist ein Tribut ans Thema Sterben.

Mir ist bei dieser Arbeit bewusst geworden, wie wichtig es ist, dass ich in meiner Wahrheit lebe.

Mir ist bei dieser Arbeit bewusst geworden, wie wichtig es ist, dass ich zufrieden bin, dass ich in meiner Wahrheit lebe und schaue, dass es für mich stimmt – damit ich nicht am Schluss auf dem Sterbebett noch ganz vielen verpassten Dingen nachweinen muss. Eine gewisse Sicherheit gibt mir auch das Wissen, dass man im letzten Moment nicht allein ist. Man wird abgeholt – vom Tod, oder, wie er sich auch nennt, vom Engel des Wandels. Er kündigt sich ja vorher schon ein bisschen an, damit du Zeit hast, noch das Letzte aufzuräumen und dich zu verabschieden. Er nimmt dich bei der Hand und begleitet dich nach drüben. Dort bekommst du neue Aufgaben, die du noch zu lösen hast. Wenn du alles gelernt hast, kannst du Engel werden. Das Ziel ist, dass du dem Göttlichen immer näherkommst und am Schluss nur noch reine Liebe bist. Je mehr man sich jedenfalls damit beschäftigt, desto mehr verliert der Tod an Schrecken.

Drüben beim Seelenbaum angekommen, legt sie die tote Henne in eine Baumgabelung und verabschiedet sich von ihr. »Hier kann sie der Fuchs oder wer auch immer holen.« Dann macht sie noch einen Abstecher zum Rinderstafel, ihrer kreativen Werkstätte und ihrem Rückzugsort. »Luzi's Zauberwelt« steht über der Tür geschrieben.

Das Hüttchen will ich noch neu streichen. Im Sommer, wenn ich allein sein will, ziehe ich mich hierher zurück. In warmen Vollmondnächten schlafe ich draußen unterm Sternenhimmel.

Als sie hineintritt, leuchten ihre Augen. Auf einer Kommode stehen eine Maria- und eine Jesusfigur, opulent geschmückt mit Perlenketten. An den Wänden hängen Stiche von Heiligen, die sie aus einem Abbruchhaus gerettet hat.

Seilbahneldorado Schweiz

Die Luftseilbahn Intschi–Arnisee ist der Lebensnerv nicht nur des Näcki-Hofs. Gondelbetriebe sind die Existenzgrundlage unzähliger anderer Bergheimwesen, Alpen und Bergrestaurants, transportieren sie doch neben Menschen oft auf auch Tiere, Heu, Käse oder Milch den Berg hinauf oder ins Tal hinunter.

2450 bewilligte Seilbahnanlagen zählte die Schweiz per Ende 2015, davon 234 Kleinseilbahnen für bis zu acht Personen. Hinzu kommen rund viertausend Materialtransportbähnchen, für die keine Konzessionen erforderlich sind. Am meisten zugelassene Seilbahnen zählen die Bergkantone Wallis (566), Graubünden (512) und Bern (415). Bei den Kleinseilbahnen liegt die Zentralschweiz mit 90 Anlagen ganz vorn.

Den Grundstein für das Seilbahnland Schweiz legte 1908 die Schwebebahn aufs Wetterhorn. Als eine der ersten Personenluftseilbahnen der Welt war sie damals eine technische Sensation. Zwischen den beiden Weltkriegen wurden vier neue Bergbahnen erstellt, das ambitionierteste Projekt war 1935 die Säntis-Bahn – mit 2483 Metern die bis dahin höchstgelegene Bergstation der Schweiz. Als sich nach dem Zweiten Weltkrieg das Skifahren zum Lieblingssport der Nation entwickelte und der Bergtourismus erblühte, boomte auch der Bau von Luftseilbahnen, Sesselliften und Gondelbahnen.

Schon Ende der 1970er-Jahre war das Seilbahnland Schweiz praktisch fertiggestellt. Neue Hänge durften zum Schutz der Landschaft nur noch ausnahmsweise erschlossen werden. Die Tourismusorte versuchen sich deshalb mit Attraktionen wie der weltweit ersten Doppelstockbahn 1995 in Samnaun auf die Alp Trida oder der weltweit ersten Cabrio-Bahn 2012 aufs Stanserhorn zu überbieten.

Nach den Berglern entdecken auch immer mehr Städte die Vorteile der Schwebebahnen, entlasten Citybahnen doch heute den Verkehr von Algier über London, Rio de Janeiro bis nach New York. Die weltgrößte Gondelbahn, die in Vietnam 230 Personen über die Halong-Bucht schweben lässt, wurde 2016 gar dank Schweizer Know-how erbaut. Die Schweizer Seilbahntechnik macht die Runde um die Welt!

Wandertipp

Flugs zum Arnisee

In Uri, mit fast 40 Bahnen ein Seilbahneldorado, gondelt man flugs in eine andere Welt. Für die Arnisee–Sunniggrat–Leutschachtal–Rundwanderung zum Beispiel geht's von Intschi mit der Luftseilbahn über 700 Meter hinauf zum Arnisee, hoch überm Urner Reusstal gelegen. Von dort geht's zu Fuß steil und kurvenreich durch den schattigen Wald bis zum Hochmoor mit Heidelbeeren, Legföhren und dem schönen Riedgras. Der Ausblick übers Urnertal bis hinüber zum Bristen wird immer schöner. Und bald schon lädt unterhalb der Bristenhütte der Bergsee zum Baden ein. Auf dem Sunniggrat angekommen, weitet sich der Blick bis hinunter zum Urnersee. Weiter geht's, dem Hangweg entlang, ins Leutschachtal und im Zickzack durch Erlen- und Blumenwiesen zur Alpweide Furt, vorbei an Alpenrosen, Wollgras und Orchideen, bis zurück zum Arnisee und zur Bergstation, wo man bequem wieder ins Tal hinuntergondelt.

Route: Arnisee–Riedboden–Sunniggrat–Langchälengrätli–Älpli–Furt–Arnisee

Höhenmeter: je 740 m
Distanz: 12 km
Zeit: 5 h 30
Schwierigkeit: T3

Schüfla
Embd (VS)
1450 m

Biohof, Bergzone 4
10 ha

30 Geißen und Kitze
2 Kühe und 2 Kälber
7 Esel
4 Pfauen
3 Hennen und ein Hahn
4 Hunde
3 Katzen

www.schuefla.ch

Schüfla

Die Berggipfel vis-à-vis sind Ende April noch weiß getüncht. Der Winter ist noch einmal zurückgekehrt; die Luft über der Schüfla, dem idyllischen Walliser Weiler weit überm Mattertal, ist frisch. Das Dörflein wurde von Morena Kotay, 55, einst wie das Dornröschen vom Prinzen aus dem Schlaf wachgeküsst. Viele Einheimische hatten die Ruinen – sieben Stadel aus Holz und Stein – längst abgeschrieben, als die Berner Oberländerin sie zusammen mit Einheimischen zu neuem Leben erweckte. Sie deckten Schieferdächer neu, verlegten Holzböden, bauten ein Kompostklo ein und renovierten die Stallungen.

Damit erfüllte sich Morena einen Mädchentraum, wollte sie doch schon als Kind wie Winnetou – ihr damaliger Held – in der freien Natur leben, gemeinsam mit den Tieren, beschützt allein vom Sternenhimmel.

Jetzt lebt sie, die Sanfte, Starke, Eigenwillige mit dem dunkel-silbernen Haar und den markanten Wangenknochen im sonnengegerbten Gesicht, schon seit über fünfundzwanzig Jahren hier, zusammen mit ihren Hunden, Geißen, Eseln, Kühen, Kälbern, Hühnern, Pfauen und Katzen. Sie heizt mit Holz, kocht überm Feuer und trägt das Wasser täglich vom Brunnen ins Haus, als wäre sie aus der Zeit gefallen.

Doch mit dem Wenigen, das sie hat, ist sie rundum zufrieden. Die Elektrizität mit dem Licht am Abend gilt ihr als größter Luxus, und ein Kaffee mit einem Stückchen Schokolade dazu als Krönung: »Was will man mehr?«

Morena Kotay

Arzthelferin, Hundezüchterin

Morena und ihre Helferin Michaela haben am Morgen bereits die Ziegen gefüttert und den Eselstall ausgemistet und genießen nun das Frühstück in der heimelig warmen Küche, während draußen die Schneeflocken tanzen und alles mit einer dünnen Decke überziehen. Bei einer Tasse Tee taucht Morena in vergangene Zeiten ein.

Winnetou war meine große Teenagerliebe! Darum wollte ich immer schon Indianerin werden, zusammen mit ihm in einem Tipi leben und über die Prärie reiten *(lacht)*. Und jetzt hab ich hier oben tatsächlich mein Tipi mit dem Indianerfeeling für mich und meine Gäste.

Alle meinten: Du spinnst! Das kann man nur noch abreißen!

Als ich vor gut zwanzig Jahren hierher auf die Schüfla zog, waren das alles noch Ruinen. Auf den Dächern wuchsen schon die Bäume, kein einziges war mehr dicht. Ein Teil meines Wohnhauses war eingefallen, der Boden morsch, Fensterscheiben hatte es keine mehr drin. Und alle meinten: Du spinnst! Das kann man nur noch abreißen!

Viele träumen ja davon, ein verfallenes Bergdörfchen wieder aufzubauen. Und ich habs einfach gemacht, zusammen mit vielen freiwilligen Helferinnen und Helfern. Ohne die vielen guten Seelen wäre die Siedlung niemals das, was sie heute ist. Ich hatte ja kein Geld, hab nie investieren können, sondern hab alles mit einfachsten Mitteln wieder instandgestellt. Ich bin den Leuten so dankbar für die Zeit, die sie mir geschenkt haben!

Sieben Dächer hab ich gedeckt. Hab ganze Balken ersetzt und überall Fenster eingesetzt. Als ich hier einzog, gab's in der Küche nur die Trächa, eine offene Feuerstelle mit Kaminabzug im Dach. Der Raum war kohlrabenschwarz. Anfangs hängte ich hier drin noch die Würste zum Räuchern auf. Unterdessen hab ich den Kamin eingebaut und das Dach zugemacht. Seitdem kann man in der Küche auch sitzen; davor wäre es viel zu kalt gewesen, praktisch gleich kalt wie draußen, so richtig zum Schlottern.

Heute gehört fast die ganze Siedlung mir, mitsamt dem Ferienhäuschen, das ich vermiete. Dank der Südausrichtung ist das Klima super! Der Hof liegt auf 1500 Metern. Es wachsen Beeren, viele Obstbäume hab ich angepflanzt, einen Aprikosenbaum. Und obschon es hoch gelegen ist, gedeiht eben doch sehr vieles: Tomaten, Bohnen, Salat!

Allerdings ist das Land so trocken, dass es bewässert werden muss. Das Wallis ist wohl in der ganzen Schweiz der Ort, der am intensiven bewässert wird. Traditionell staut man das Wasser in den Suonen oder Bissen, den alten offenen Bewässerungskanälen, die entlang der Hänge verlaufen. Mit einem Wässereisen oder einer

Steinplatte staut man es, bis es überläuft und über Wiesen und Felder abfließt. Früher machten sie das noch zu zweit. Einer stand unten und winkte, wenn das Wasser kam. Dann wusste der oben, dass er weitergehen muss. Heute bewässern viele längst mit Sprinkleranlagen, inklusive mir. Täte ich's nicht, würde hier alles vertrocknen.

Sie schenkt sich und Michaela Tee nach.

So früh wie dieses Jahr hatte ich noch nie jemanden, der hier oben mit anpackt. Michaela hilft mir jetzt schon seit zwei Wochen. Und es ist gut, dass sie so lange bleibt. Früher hatte ich die Helferinnen und Helfer meist über den Sommer nur zum Heuen. Aber unterdessen komme ich alleine nicht mehr zurecht. Der Garten, die Tiere, das Misten, Futtern, Zäunen, die Steine aus den Wiesen räumen, die der Schnee über den Winter liegen lässt ... Es gibt viel zu tun!

Früher hab ich auch die Geißen noch von Hand gemolken und die Milch verkäst. Damit ist jetzt Schluss, es wurde mir zu anstrengend. Fünf Stunden Mehrarbeit pro Tag, das ist viel! Als ich aufgehört hab zu Käsen, fühlte es sich für mich an wie Ferien.

Michaela (augenzwinkernd): Früher warst du achtzehn Stunden pro Tag unterwegs und jetzt nur noch zölf.

Morena (lacht): Ja, ungefähr. Aber es ist so schön, nicht mehr wie früher jeden Morgen um fünf Uhr aufstehen und jeden Abend um fünf schon wieder im Stall sein zu müssen, um die Ziegen zu melken. Obschon es mir wirklich schwerfiel, das Käsen aufzugeben – nach über dreißig Jahren. Das war wie eine Amputation! Und mein Ziegenkäse war sehr beliebt!

Sieben Dächer hab ich gedeckt. Hab ganze Balken ersetzt und überall Fenster eingesetzt.

Jetzt verkaufe ich halt einfach das Fleisch. Solange ich noch gekäst habe, hatte ich Mühe mit Leuten, die Käse kauften, aber nie im Leben Ziegenfleisch gegessen hätten. Klar, wenn man kein Fleisch isst, weil man die Massentierhaltung nicht unterstützen will, ist das okay. Aber man muss sich auch bewusst sein, dass man, wenn man Milch trinkt und Butter und Käse und Eier isst, genauso an der Tierproduktion beteiligt ist. Ohne Kitze gibt's keinen Ziegenkäse.

Allerdings muss ich gestehen, dass ich selber auch kein Eselfleisch esse, obschon ich's auch verkaufe. Aber ich bringe es jedes Mal fast nicht übers Herz, wenn ich einen meiner Esel schlachten muss. Sie sind so lieb, so anhänglich, so treu! Je älter ich werde, desto sensibler werde ich. Aber anderes Fleisch esse ich schon: Ziegen-, Hühner- und Schweinefleisch. Ja, und auch die Schweinchen sind so wahnsinnig süß; du kannst mit ihnen Kunststückchen einstudieren. Doch seit ich mit dem Käsen aufgehört hab, hab ich keine Molke und damit auch keine Schweinchen mehr.

Dafür habe ich meine lieben Hunde und Katzen. Ich züchte, trainiere und verkaufe sie. Die Pyrenäenschäferhunde bilde ich zu Trümmersuchhunden aus. Die Ausbildung findet in der ganzen Schweiz statt, von Genf über Lausanne, Murten, Bern bis ins Tessin. Wir trainieren auf verschiedenen Geländen, damit sie im Einsatz in immer neuen Situationen zurechtkommen.

Die beiden Frauen machen sich zusammen mit einem Rudel Hunden auf den Weg, um vier Eselinnen vom Stall auf die untere Weide umzuplatzieren. Morena schwärmt:

Letztes Jahr ist mir hier meine Lieblingseselin Ronja abgestürzt, ganz tragisch.

Das ist eine perfekte Weide für die Esel: braun, dürr, reif, rohfaserreich und nicht eiweißhaltig. Bei zu fettem Gras kriegen sie schlechte Füße, werden schneller krank, viel zu dick und bekommen Koliken. Esel sind Steppentiere.

Doch letztes Jahr ist mir hier meine Lieblingseselin Ronja abgestürzt, ganz tragisch. Vinz, ein benachbarter Bauer, eilte mir mit zwei Leuten zur Hilfe. Gemeinsam stabilisierten wir die Eselin am Hang, damit sie nicht noch weiter abstürzte. Sie lebte noch. Wahrscheinlich hatte sie durch den Sturz das Becken gebrochen. Dann blieben wir die ganze Nacht bei ihr draußen und wachten zusammen. Das war so unglaublich *(wischt sich eine Träne von der Wange).* Es ist gut, solche Leute zu haben, ohne sie ginge es gar nicht. Am Morgen wurde Ronja vom Tierarzt eingeschläfert.

Wieder zurück auf der Schüfla, geht sie zum Brunnen, um Wasser für die beiden Esel Emilio und Pedro zu holen, die am Nachmittag aufs Maiensäß hinaufkommen.

Das ist das einzige Trinkwasser auf der Schüfla, reines Quellwasser. Eine Zeit lang floss so wenig, dass ich dachte, ich müsse hier weg. Nicht einmal zum Trinken hatte es mehr gereicht. Weil der Hahn nur noch tropfte, musste ich sogar Gäste wegschicken. Und jetzt schau dir das an *(strahlt ob dem fröhlich vor sich hinplätschernden Wasserstrahl, der sich in den Brunnen ergießt).* Haha!

Später in der Küche bereitet Morena mit frischen Wiesenkräutern, mit Giersch, Schlangenknöterich, Brennnesseln und Bärenklau eine Wähe zu.

Ich koche, backe und heize mit Holz. Das ist wunderbar. Bäume gibt's hier mehr als genug, es wächst alles zu. Die Eschen schießen schneller in die Höhe, als man sie schneiden kann. Aber letzten Winter hatte ich einen ziemlich bösen Unfall. Vielleicht ein Zeichen, dass ich langsam aufhören sollte… Ich hatte im Hang eine große

Esche gefällt und begann, sie mit der Motorsäge auszuasten, erreichte aber den letzten Ast nicht mehr und stand in der überhängenden Krone. Da kam der ganze Stamm mit mir ins Rollen … Ich hab großes Schwein gehabt, das hätte saublöd ausgehen können! Aber das Holz, das ich letzten Herbst mit meinen Helfern gescheitet habe, sollte wieder für vier, fünf Winter reichen, danach sehen wir weiter.

Mein größter Luxus im Haus ist der Strom.

Mein größter Luxus im Haus ist der Strom. Die meisten Leute überlegen sich gar nicht, dass elektrisches Licht auf Knopfdruck eben nicht normal ist. Fließendes Wasser ist für sie normal, dass man jeden Tag genug zu Essen hat, ist normal, dass man ein Dach über dem Kopf hat, Arbeit, Medikamente, dass die Kinder zur Schule gehen können – alles normal. Aber in vielen Ländern ist es überhaupt nicht so und eben nicht normal.

Die Leute fragen mich zwar immer: Morena, solltest du jetzt nicht langsam fließendes Wasser ins Haus reinnehmen? Aber ich hab null Bedürfnis danach! Mir reicht es vollkommen, wie es ist. Am Morgen hole ich einen Bidon voll Wasser am Brunnen. Und am Abend leere ich das Abwasser wieder auf den Mist. Das geht gut! Ich hab hier alles, was ich brauche, und fühl mich pudelwohl.

Aber meine Mutter ist sehr unglücklich, dass ich so lebe. Als Bauerntochter kann sie nicht verstehen, weshalb ich mir das freiwillig antue. Das Bauernleben ist für sie mit Armut verknüpft, man muss krampfen bis an den Bach herunter. Deswegen hat sie's ja gerade aufgegeben. Ja, gut, wenn ich jetzt ein Pferdegestüt hätte, mit dem ich was darstellen würde … Aber mir macht's eben nichts aus, eine kleine, einfache Bäuerin zu sein.

Das einzige, was mir als Bäuerin Mühe bereitet, sind der Behördenkram und das Internet. Meine Homepage macht zum Glück jemand für mich, denn ohne Homepage würde ich ja kaum noch existieren. Letzten Winter bekam ich fast die Krise. Ständig sagte mir jemand: Morena, jetzt solltest du schon langsam einen Internetanschluss haben! Auch die vom Landwirtschaftsamt: Man müsse mir doch eine Mail schicken können. Das nervte mich so! Schließlich gibt's die Post! Aber immerhin hab ich jetzt ein smartes Telefon geschenkt bekommen. Ich könnte damit sogar ins Internet, aber ich muss es ja nicht benutzen … Zurzeit machen mir die Behörden schon wieder das Leben schwer; der Geißenstall sei zu dunkel. Dabei hab ich gerade erst den Boden tiefer und die Decke höher gelegt und Fenster reingebaut … Nein, es ist schlimm!

Das Haus mit der Stallung ist uralt, es wurde Mitte des Fünfzehnten Jahrhunderts erbaut. Und jetzt will das Veterinäramt, dass man Verhältnisse des 21. Jahrhunderts reinbringt. Dafür krieg ich aber von dcr Gemeinde wiederum keine Baubewilligung. Sprich: Sie wollen eigentlich, dass ich aufhöre. Aber was erreichen sie damit? Meine Tiere haben es gut, das darf ich aus voller Überzeugung sagen. Und wenn ich aufhören muss, zerfällt hier alles. Jetzt versuch ich halt, eine Ausnahmebewilligung zu kriegen. Ich begreife einfach nicht, dass die so auf ihren Paragrafen herumreiten und nicht sehen, dass es für so eine spezielle Situation wie auf der Schüfla auch spezielle Regeln braucht – und Ausnahmen. Damit so eine Art von Leben eben nicht nur noch museal wie auf dem Ballenberg existiert, sondern dass es noch gelebt werden kann.

Das hier ist meine Realität. Ich bin keine Aussteigerin – ich bin gar nie eingestiegen, sodass ich hätte aussteigen müssen. Ich war schon immer in dieser Welt. Als Kind habe ich mich bei den Kühen im Stall versteckt und dort geschlafen. Ich war scheu, hab geschielt, war spindeldürr und schlecht im Turnen – das perfekte Opfer zum Hänseln. Und da ich mich nicht wehren konnte, ging ich eben zu den Tieren.

Das hier ist meine Realität. Ich bin keine Aussteigerin – ich bin gar nie eingestiegen, sodass ich hätte aussteigen müssen.

Meiner Mutter zuliebe bin ich später Arzthelferin geworden. Das hat mich schon sehr interessiert, aber den ganzen Tag im Labor und im Büro sitzen – nein, danke! Es war die Flower-Power-Zeit – und ich mittendrin. Nach der Ausbildung ging ich drum gleich z'Alp. Und wie! Solche Alpen wie damals gibt's heute kaum mehr: mit Erdboden, offener Feuerstelle, alles total verraucht, und das Wasser musste man draußen beim Brunnen holen. Während der Alpjahre war ich auch oft auf Reisen, durch Europa und Asien, Griechenland, Türkei, Jugoslawien, Spanien …

Über die Alp-Kontakte kam ich zu meinem ersten Hof in Innertkirchen im Berner Oberland, musste dann aber raus, als die Kinder des Vermieters dort einziehen wollten. Als ich auf dieses Inserat vom Hof im Wallis stieß, dem Walkenstein, entschied ich mich innerhalb von zehn Tagen, in Innertkirchen alles einzupacken, meine Geißen, all mein Hab und Gut. So kam ich mit vierundzwanzig Jahren ins Wallis nach Embd auf den damaligen Hof, blutjung. Das war ziemlich verrückt!

Am Anfang fühlte ich mich sehr alleine hier. Die Leute im Dorf schlossen Wetten ab, wie lange ich es wohl aushalten würde, ja, ja. Außerdem wurde mir der Hof in einem ziemlich schlechten Zustand übergeben. Im Stall lag noch ein Meter Mist, und ich musste sehr viel Energie und Kraft investieren, um alles auf Vordermann zu bringen.

Aber der Walkenstein war schon auch super. Ein Holzhaus, abgelegen, mit Land rundherum und alles Land beieinander, was im

Wallis wegen der Erbteilung relativ selten ist. Klar, ich musste an allen Ecken und Enden sparen, neben der Miete blieb nur noch das Nötigste. Aber ich erlebte damals auch viele Wunder, wirklich: Einmal hatte ich keinen Rappen mehr, das Betreibungsamt stand praktisch schon vor der Tür, ich war so verzweifelt! Und als ich an jenem Morgen zur Post ging – voller Angst! –, um einen eingeschriebenen Brief abzuholen – bestimmt wieder eine Mahnung, dachte ich mir –, steckte da ein Scheck über siebentausend Franken drin! Hey, ich fiel fast in Ohnmacht! Da schickte mir einfach eine gute Seele, die um meine Situation wusste, dieses Geld! Das war so ein riesengroßes Geschenk des Himmels!

»Vater im Himmel, ich möchte dir von ganzem Herzen danken für diesen schönen Tag!«, betet Morena vor dem Mittagessen. »Begegne du uns! Du weißt, was am Nachmittag ansteht mit den Eseln. Schenke Kraft, Bewahrung und Gelingen. Amen.«

Ich bete immer vor dem Essen. Was hier alles aus diesen Ruinen entstanden ist, das hat für mich ganz viel mit Gott zu tun. Die Hilfe, die ich immer wieder bekommen hab. Die Erfahrung, dass es immer weitergeht. Die Gewissheit, nicht allein zu sein.

Hier im katholischen Wallis steckt die Angst vor Geistern, den Bozen, noch tief in den Köpfen. Im Film *Winna – Weg der Seelen* erzählt Regisseurin Fabienne Mathier von den verstorbenen Seelen, die angeblich noch herumgeistern. Die Walliser Fasnacht hat auch ganz viel damit zu tun. Mit den gruseligen Masken versuchen sie, die Bozen das Fürchten zu lehren und sie zu vertreiben. Es schaudert mich richtig, wenn ich daran denke!

Der Postautofahrer meinte einmal zu mir: Weißt du, Morena, wir haben einfach das Gefühl, dass du dort sein musst, weil du etwas verbrochen hast.

Wegen dieser unerlösten Seelen war den Leuten auch suspekt, dass ich in den alten Gemäuern auf der Schüfla leben kann. Etliche sagten zu mir, sie könnten nicht eine Nacht hier schlafen. Folglich muss ich, da ich das kann, ja fast eine Hexe sein! Der Postautofahrer meinte einmal zu mir: Weißt du, Morena, wir haben einfach das Gefühl, dass du dort sein musst, weil du etwas verbrochen hast. Also, manche glauben wirklich, es sei eine Strafe, hier zu leben *(lacht)!* Eine Weile hatte ich sogar richtig Angst. In meiner Vorstellung sah ich die Leute schon in einer Prozession hier herüberkommen, um mich auf dem Scheiterhaufen zu verbrennen. Selbständige Frauen werden von manchen Leuten als Bedrohung empfunden, also sind sie Hexen. Aber zum Glück empfinde ich das alles heute nicht mehr so. Die Leute respektieren mich und sind sehr freundlich.

Am Nachmittag trifft Vinzens ein, der mithilft, die Esel ins Maiensäß hinaufzubringen. Auf engen, steilen Serpentinen steigen sie mit den Eseln am Halfter durch Arvenwälder auf. »Woah, das ist ja ein unglaublicher Wind hier!«, sagt Morena, oben angekommen, und blickt in die Ferne. »Es ist schon wild, das Wallis. Kein Wunder, dass die Leute so rau sind.« Das Handy klingelt und die Bio-Kontrolleurin kündigt einen Besuch an.

Sie kommt bald und kontrolliert wieder alles, das Futter, die Tiere, die Ställe, den ganzen Papierkram mit dem Auslaufjournal, dem Behandlungsjournal ... Also wenn man alleine einen Hof führt, dazu den Haushalt hat, einen Garten und obendrein noch den ganzen Bürokram ... Das ist alleine fast nicht mehr zu bewältigen.

Das ist das einzige Trinkwasser auf der Schüfla, reines Quellwasser. Eine Zeit lang floss so wenig, dass ich dachte, ich müsse hier weg.

Aber bio ist es mir wert. Ich hab schon bio gemacht, da hat es das noch gar nicht gegeben. Ich war die Erste, die ihre Schweine draußen rumlaufen ließ, wild im Kraut umher. Auch die Kühe hatte ich draußen, selbst im Winter. Die Einheimischen schauten immer, ob die Tiere noch lebten und nicht abgestürzt seien, im Schnee den Hang hinuntergerutscht. Ich hatte immer Angst, dass sie mir deswegen den Tierschutz auf den Hals schicken. Dabei fühlen sich Kühe bis minus zwanzig Grad pudelwohl. Darum muss man sie heute sogar rauslassen – und der Tierschutz kommt, wenn man's nicht tut *(lacht)*. Aber zum Glück ist das heute so. Das ganze Jahr im Stall eingesperrt, das ist ja fürchterlich!

Am Abend, als es langsam eindunkelt, tischt Morena das Abendessen auf, Gemüsesuppe du Jardin, dazu Salat, Brot und Käse, und knüpft an die Tierhaltungsdiskussion an.

Kürzlich sah ich im Fernsehen eine Sendung über einen jungen Bauern und seine moderne Landwirtschaft. Das schockierte mich dermaßen. 1,5 Millionen Franken kostete der Ausbau seines Stalls. Er hatte Roboter, die das Misten, Füttern und Melken erledigten. Alles computergesteuert mit Chips, die heutzutage sowieso jede Kuh trägt. Das finde ich so unglaublich, eine vollautomatisierte Landwirtschaft! Dafür bleibe ihm mehr Zeit, um seine Tiere zu streicheln. Und er könne jeden Abend um fünf Uhr in die Beiz, um mit seinen Kollegen ein Bier zu trinken. Und das sagt er noch so im Radio! 1,5 Millionen! Wie lange der das abbezahlen muss! Aber dafür nimmt der Staat viel Geld in die Hand. Und Bauern, die wie ich wirklich mit den Tieren zusammenleben, werden mit der Direktzahlungspolitik ausrangiert und haben keine Existenzberechtigung mehr.

Doch wenn die Bergweiden, wie ich sie pflege, nicht mehr bewirtschaftet werden, gibt's ein riesiges Problem. Dann verwaldet alles – und das zieht einen Rattenschwanz von Problemen nach sich. Die Lawinengefahr steigt, die Brandgefahr nimmt zu. Gut, für die Insekten und Tiere wär's toll. Es gäbe mehr Schlangen und mehr Reptilien. Das ist aber nicht, was sie wollen. Die Touristiker wollen eine herausgeputzte Schweiz und keine überwucherte Urwaldlandschaft in den Bergen.

Am nächsten Morgen wandert Morena zum Tipi hinauf, wo sie und Gäste oft übernachten, und setzt überm offenen Feuer einen Kaffee auf. Das Feuer knistert, der Kaffee dampft und ihre Hunde Valentina und Wamiro gesellen sich zu ihr hinzu.

Das Tipi ist was Wunderbares! Ich hab mich hier fürstlich eingerichtet und fühl mich wie in den Ferien, herrlich! Im Winter hier überm offenen Feuer ein Fondue zu essen, ist das höchste der Gefühle. So gemütlich *(strahlt)!* Das ist mein Leben! Ich hab auf der Schüfla in keinem Bereich das Gefühl, mir fehle etwas oder ich hätte was verpasst. Ich bin glücklich mit meinen Tieren. Sie zu spüren, zu kommunizieren mit ihnen – toll!

Und wenn ich dann mal älter bin, das alles nicht mehr schaffe mit meinem Gestell und mit meinem Rücken, und morgen jemand käme, der sagt, er wolle es übernehmen, dann müsste ich's loslassen. Ich kann ja nicht ewig hierbleiben. Vielleicht zieh ich dann ins Ferienhäuschen auf der Schüfla und behalte eine kleine Landwirtschaft nebenbei. Oder verkaufe alles und ziehe in eines dieser Wohnprojekte für Ü-60-Mieter, um dort gemeinsam mit anderen alt zu werden. Da gäbe es dann vielleicht einen kleinen Garten, ein paar Geißen und Hühner dazu. Und jeder könnte noch das machen, was er kann und gerne tut. Das wär schön!

30

Warum der liebe Gott im Wallis nicht wässert

Das Wasser ist ein knappes Gut im Wallis: Seit Jahrhunderten führen die Einwohnerinnen und Einwohner deshalb Gletscher- und Gebirgsbachwasser über lange Leitungen, die Suonen oder Bissen, auf ihre trockenen Wiesen und Felder hinunter. Diese historischen Wasserkanäle ziehen sich als offene Gräben auf zum Teil abenteuerliche Art den Hängen entlang.

Und das kam nach Josef Gunterns *Volkserzählungen aus dem Oberwallis* so: Als der liebe Gott auf seiner Weltreise die Schweiz verließ und die Eidgenossen zum Abschied fragte, ob sie noch ein besonderes Anliegen hätten, baten sie ihn um genügend Wasser, um die Fluren grün zu erhalten. Der Herrgott erwiderte: »Das ist doch einfach. Da muss gewässert werden! Jetzt, wollt ihr es tun? Dann ist's recht, wenn nicht, werde ich es selber besorgen müssen!« Die Walliser aber trauten ihm in ihrem Argwohn nicht so ohne weiteres. Und fanden, nein, nein, nein, sie wässerten lieber selber! Und so wässert bis heute in der ganzen Schweiz der liebe Gott, im Wallis aber wässern die Walliser selber.

Wandertipp

Auf den Spuren der Yaks

Yaks, die zotteligen robusten Rinder mit den imposanten Hörnern aus dem Himalaya, weiden seit 1995 auch im Wallis hoch überm Mattertal. Daniel Wismers Yakfarm erreicht man von Embd her, über Serpentinen bis nach Roti Flüo aufsteigend, wo die Yak-Familien im schattigen Wald ihre Mittagsruhe halten. Von hier zieht sich der Pfad den Hang entlang über Großstei, Riedflüe, Isch bis ins pittoreske Bergdorf Törbel mit den schönen, alten, sonnenverbrannten Walliserstadeln. Zurück nach Embd gelangt man eine Höhenstufe tiefer via Teiffine–Schüfla–Egga; der Weg führt abwechselnd durch schattigen Wald und über Trockenwiesen. Immer wieder wird der Blick frei auf Brunegghorn und Bishorn, auf Riedgletscher und Nadelhorn. Von Embd gondelt man bequem mit der Bergbahn zurück ins Tal nach Kalpetran.

Route: Embd–Roti Flüo–Törbel–Teiffine–Schüfla–Rormatta–Embd

Höhenmeter: 550 m ↗
550 m ↘
Distanz: 8 km
Zeit: 3 h

Biohof Obere Muolte
Schelten (BE)
967 m

Biohof, Bergzone 2
46 ha, davon 16 ha Wald

8 behornte Mutterkühe mit
ihren Kälbern
20 Rinder
2 Pferde
3 Esel
5 Katzen

www.biohof-oberemuolte.ch

Obere Muolte

Im wilden Westen der Schweiz, in Schelten, ruht auf dem dritten Jurazug Regula Imperatoris Biohof Obere Muolte. Das Gehöft liegt zwar nicht am Ende der Welt, aber doch am Ende des sich eng um den steilen Jurafels schlängelnden Schottersträßchens auf knapp 1000 Metern, wo die Winter lang sind und das Klima rau ist. Von hier schweift der Blick über sanfte, von Wald gesäumte Hügelketten.

Wie eine Gotthelfkarriere hat es Regula Imperatori, 57, hierher verschlagen, arbeitete sich die eigenwillige Frau mit der warmen Ausstrahlung und der bedächtig ruhigen Stimme doch von der Magd zur Bäuerin mit eigenem Hof hinauf. Ganze sechs Jahre fuhrwerkte sie auf der Oberen Muolte allein mit ihren vier Kindern und entwickelte dabei veritable Managerinnenfähigkeiten.

Bis Hansruedi Roth ihren Weg kreuzte, Architekt und Bauer. Als Amors Pfeil die beiden traf, verpachtete er flugs seinen eigenen Hof und zog zu ihr auf die Obere Muolte. Seither lenken die beiden die Geschicke dort gemeinsam. Sie ziehen Rinder für Talbauern auf, halten Mutterkühe, zwei Pferde und drei Esel, hegen und pflegen einen Selbstversorgergarten, bewirtschaften ausgiebig Wald. Und bei allem ihrem Tun sind sie mit Respekt zugange, getreu ihrem Credo: »Wir erben die Welt nicht von unseren Eltern, wir leihen sie von unseren Kindern.« Und diesen wollen sie den Hof auch bald übergeben, um selber ein wenig kürzer zu treten. Auf den neuen Lebensabschnitt auf dem Mehrgenerationenhof freut sich Regula schon jetzt. »Ich bin parat und hab den Karren lange genug gezogen. Großmutter von zwölf Enkeln zu sein, ist doch eine coole Rolle!«

Regula Imperatori

Autodidaktin, Pflegemutter

FUN
DAYS

Siestazeit an einem heißen Sonntagnachmittag im August. Regulas zweitjüngste Tochter Andrea und ihr Freund Andy sind zu Besuch. Am Nachmittag treiben sie die Guschti, also die Kühe und die Kälber, auf eine neue, mit Bergblumen durchsetzte Wiese. Auf dem Weg dorthin erinnert sich Regula, weshalb es sie schon früh aufs Land zog.

Ich war als Kind oft bei meinen Großeltern im Berner Oberland in den Ferien. Nebenan lebte eine Bauernfamilie, und ich fand's so toll, wie die auf dem Hof zusammen arbeiteten, die Gemeinschaft von Mann und Frau mit den Kindern, und wie sie so ein Lebenswerk aufbauten. Das war eine ganz andere Lebensart!

Beeindruckt hat mich auch der Weg meines Vaters. Er leitete als Maschineningenieur den Bau des Atomkraftwerks Beznau I und II. Seine ganze Kraft streckte er da rein, weil er wegkommen wollte von den Kohlenkraftwerken als reine Luftverschmutzer. Bei der Atomenergie dachte er, das sei saubere Energie. Es hat mich so geprägt zu sehen, dass er eigentlich etwas Gutes wollte. Aber mit Tschernobyl und Fukushima kippte die Meinung in der Gesellschaft, plötzlich sah man, hey, das ist ja ein riesengroßes Risiko! Darum fand ich sein Leben so tragisch: Er meinte, sich dem Guten verschrieben zu haben und musste dann feststellen, dass alles ganz anders ist …

Er meinte, sich dem Guten verschrieben zu haben und musste dann feststellen, dass alles ganz anders ist …

Da merkte ich, wie wichtig es ist, sich zu fragen, was eigentlich Sinn macht für einen. Ich möchte ein Leben führen, das mich in meine Mitte bringt, auch wenn die anderen es vielleicht nicht auf Anhieb verstehen. Im Moment ist für mich das Wichtigste, diesen Hof zu erhalten und zu pflegen, zu sehen, wie meine zwölf Enkelkinder aufwachsen und sie zu begleiten … Großmutter zu sein *(lacht)!*

Die Suche nach meinem ureigenen Weg führte mich nach dem Gymnasium in Aarau und Reisen durch Australien schließlich zum Jurastudium in Zürich. Jugendanwaltschaft hätte mich noch interessiert, soziale Themen faszinierten mich schon immer. Aber an der Uni muss man sich das Wissen holen. Und dafür war ich überhaupt nicht reif. Als mir keiner mehr sagte, was ich zu lesen hätte, hab ich nichts mehr gemacht und nur noch gejasst *(lacht).*

Kam hinzu, dass man damals die Vorstellung im Kopf hatte, dass man an der Uni auf eine Art gleichgeschaltet wird, dass da also so graue Leute rauskommen wie bei *Momo* von Michael Ende, die von den Dozenten und Professoren etwas eingetrichtert bekommen haben … Ich aber wollte meinen Weg, meine eigene Sicht auf die Welt finden. Und dass dann in den Achtzigerjahren in Zürich die Jugendunruhen entbrannten, das half mir, wirklich meinen eigenen Weg zu gehen. Nach einem Jahr machte ich 180 Grad kehrt und brach das Studium ab. Ich wollte nicht mehr länger irgendeiner Gesellschaftsnorm folgen, sondern versuchte, das zu leben, was mich glücklich macht.

Und – das ist eine lustige Geschichte: Auf einer Reise durch Kanada und Honolulu bekam ich einen Hinweis, wo ich anfangen könnte mit meiner Landkarriere. Wir wohnten damals in der Hängematte am Strand. Und eines Abends am Feuer erzählte ich von meinen Plänen, aufs Land zu ziehen. Da saß auch ein Amerikaner, der per Anhalter unter anderem durch die Schweiz gereist war. Ja, er sei dort bei einem Bauern aus der Napf-Region gewesen. Der könne mir vielleicht weiterhelfen. Ich solle ihn doch mal auf dem Markt in Luzern besuchen, wo er samstags Brot verkaufe, am Stand gleich neben der Brücke. Das sagt mir ein Amerikaner in Hawaii *(lacht)!*

Wieder zurück in der Schweiz, bin ich über den Kontakt tatsächlich auf eine Bauernfamilie am Napf gestoßen, die Hilfe gebrauchen konnte. Und ich fand, jawoll, das ist meine Chance, ich unterstütze die Familie als Praktikantin. Da merkte ich, wie gut mir das lag und wie sehr ich das Leben umgeben von Tieren und kleinen Kindern genoss. Es war so schön zu sehen, wie sie auf dem Bauerhof aufwuchsen, in der Natur, inmitten der Kreisläufe.

Und bald schon, mit 23, kam mein erstes Kind zur Welt, Guerina. Ein Jahr später folgte Manjana. Dieter, mein damaliger Partner, hatte schon zwei eigene Kinder. Da waren wir also zu sechst, lebten am Napf auf dem Grossenberg, in Fontannen, auf einem kleinen Hof, einer Ganzjahresalp, wo wir fünf Jahre lang angestellt waren. Doch die Zeit war überschattet von seinem Alkoholismus. Ich war jung und naiv und wusste, dass er trank. Aber er hatte doch auch so viele gute Seiten, ich dachte, dem müsse man doch nur wieder eine Lebensperspektive aufzeigen. Aber so war es eben nicht …

Da merkte ich, wie wichtig es ist, sich zu fragen, was eigentlich Sinn macht für einen.

Mein Idealbild der harmonischen Bauernfamilie bekam ordentlich Risse. Ich hatte kaum noch Zeit für die Kinder und musste vor allem schauen, dass der Karren irgendwie läuft. Wenn ich jetzt zurückschaue, war's auch eine riesige Chance. Ich musste notgedrungen so viel lernen, das Hantieren mit den Traktoren, den Mähmaschinen, den Ladewagen.

Aber mein Mann trank immer mehr, und am Ende musste ich gehen. Es ging einfach nicht mehr. Ich nahm auch seine Kinder mit. In Marbach im Entlebuech fand ich das Hundsmoos, ein kleines Höflein, eine Pacht. Und war also alleinerziehend. Der Bauer, dem der Betrieb gehörte, half mit. Also, wir halfen einander gegenseitig. Er hatte weiter unten noch einen Betrieb. Ich half ihm dort beim Rechen und bei anderen Arbeiten von Hand, dafür fuhr er bei uns oben mit dem Ladewagen das Heu ein. Dank der Arbeit bei ihm wuchs ich noch stärker ins Bäuerinnenleben hinein.

Bald schon kam ich dort mit meinem zweiten Mann zusammen, er hieß ebenfalls Dieter. Wir zwei wollten gemeinsam etwas anpacken, und als ich etwas Geld erbte, entschieden wir uns, einen Hof zu kaufen.

Meine beiden Stiefkinder Sunaya und Mitrasch gingen damals schon ihre eigenen Wege. Und so kamen wir zu viert hierher in den Jura, in den wilden Westen der Schweiz (lacht). Wie ich diese Weite hier genoss! Im Entlebuch, wo alles viel enger und kontrollierter gewesen war, hatte der Bauer einen Feldstecher auf dem Küchenschrank liegen, um zu beobachten, was die Nachbarn so treiben. Aber hier im Jura kann man ganz für sich sein.

Im Entlebuch hatte der Bauer einen Feldstecher auf dem Küchenschrank liegen, um zu beobachten, was die Nachbarn so treiben.

Wir haben 46 Hektar Land, davon sind fast 30 Hektar Nutzland, der Rest ist Wald. Erst fand ich das alles viel zu groß für uns! Wie sollten wir das bewirtschaften? Ich bin ja keine gelernte Landwirtin. Aber wir ließen uns dann doch überzeugen *(lacht)*. Mittlerweile haben wir einen Weg gefunden, wie wir den Hof so bewirtschaften können, dass sich der Aufwand in Grenzen hält und man's trotz aller Arbeit auch noch schön haben kann. Aber es war ein langer Weg bis hierhin.

Dann wurden Dieter und ich Eltern. Unsere beiden Töchter, Andrea und Laura, sind beide auf dem Hof zur Welt gekommen. Zehn Jahre lang führten wir den Betrieb zusammen – oder haben es zumindest probiert. Denn wir hatten viele Schwierigkeiten in der Beziehung. Und wenn's in der Beziehung nicht stimmt, hat man's auch auf dem Hof schwer. Darum trennten wir uns nach zehn Jahren. Dieter war wiederholt gewalttätig gegen mich geworden. Und irgendwann zog ich die Notbremse.

Ich flüchtete mit unsern Kindern ins Frauenhaus nach Biel und erinnere mich noch, wie mir die Frau vom Frauenhaus beim ersten Telefonat sagte: Die Kinder können Sie mitnehmen, aber die Kühe müssen Sie auf dem Hof lassen *(lacht)*. Drei Monate blieben wir dort. Als Dieter entschied, er wolle nicht alleine weitermachen, und ging, kehrten wir auf den Hof zurück. Die Trennung war dann eine ganz schwierige Geschichte … Anwälte rechneten alles aus. Es fällt mir schwer, das in wenige Worte zu fassen … Immerhin haben wir mit der Zeit wieder zu einem respektvollen Umgang miteinander gefunden.

Im Nachhinein sehe ich das Ganze auch positiv. Das Schicksal hat mich damals wie durch ein Nadelöhr getrieben. Ich musste lernen, zu mir und zu meinen Bedürfnissen zu stehen, mich wertvoll zu fühlen, und zu erkennen, dass man so nicht mit mir umgehen darf! Mir wurde klar, dass ich ein Vorbild für meine Kinder sein muss, und ich wollte nicht, dass sie später unbewusst auch in so eine Opferrolle fallen. Das hat mich aufgerüttelt. Aber es hat zehn Jahre gedauert, bis ich wirklich sagen konnte: So nicht mit mir!

Als ich den Hof hier auf der Oberen Muolte übernahm, waren die vier Kinder zwischen fünf und sechzehn Jahre alt. Sechs Jahre lang hab ich den Karren alleine gezogen. Bis mir Hansruedi über den Weg lief – also wirklich wie im Film. Ich nahm an einer Besichtigung von Stallbauten im Berggebiet teil, weil wir einen neuen Stall brauchten und ich mir ein Bild machen wollte, wie so ein Stall überhaupt aussehen könnte. Und da traf ich dann eben Hansruedi an *(lacht)!* Als Architekt und Landwirt war er aus purer Neugier mit dabei.

Schon bald darauf sind wir zusammengezogen, seinen eigenen Hof hat er verpachtet. Dreizehn Jahre ist das jetzt her! Und mein Leben hat sich dermaßen verändert. Bevor ich Hansruedi kennenlernte, ging immer alles rauf und runter, es war chaotisch … Ich schaute einfach, dass ich überlebe … Jetzt haben wir's wirklich geordnet und gut. Genau so, wie ich's mir immer erträumt habe, dass man zusammen auf dem Hof am selben Strick zieht *(strahlt)*.

Heute ist es mir wichtig, für meine Werte einzustehen und sie zu schützen. Auch auf dem Hof: Wie geht man miteinander und mit den Tieren um? Wie gelingt ein respekt- und liebevolles Miteinander überhaupt? Darum setze ich mich auch so für unsere Gesamtschule in Schelten ein, wo die Kinder von der ersten bis zur neunten Klasse im selben Raum zusammen unterrichtet werden – da geht's um ein Miteinander statt um Konkurrenz. Das ist ein Farbtupfer im üblichen Schulsystem, den man meiner Meinung nach schützen muss. Seit über zwanzig Jahren bin ich deshalb in der Schulkommission. Auch im Gemeinderat engagierte ich mich zehn Jahre lang – als erste Frau!

Wenn's in der Beziehung nicht stimmt, hat man's auch auf dem Hof schwer.

Ja, zu erkennen, was es braucht, damit man gut miteinander zusammenleben kann, das war mir schon immer wichtig … Dass alle das bekommen, was sie brauchen, damit das Gemeinschaftsleben funktioniert. Wir haben auch einen Betreuungsplatz für Pflegekinder und arbeiten mit der Stiftung Terra Vecchia zusammen, die Sozialtherapie und Arbeitsintegration anbietet. Im Moment ist gerade Demian bei uns. Menschen in schwierigen Lebenssituationen zu integrieren, bietet sich hier irgendwie an. So eine Hofgemeinschaft ist wie ein Biotop, ein Lebensraum, den man teilen kann. Er lebt von der Gemeinschaft und vom Austausch.

Das Zusammensein pflegen sie auch gegen Abend, zurück auf dem Hof, als sie auf dem Vorplatz grillen und später alle miteinander am langen Festtisch essen. Während Andy über dem Feuer Fleisch und Gemüse brätelt, bereiten Regula und ihre jüngste Tochter Laura in der Küche die Bratkartoffeln und Salate zu. Derweil spinnt Andrea, die künftige Hofnachfolgerin, Zukunftspläne und erzählt:

Es hat zehn Jahre gedauert, bis ich wirklich sagen konnte: So nicht mit mir!

Meine beiden älteren Schwestern haben schon ihren eigenen Hof, Guerina im Entlebuech, auf dem Steinhuserberg, und Manjana hier ganz in der Nähe, auf dem Scheltenpass. Und die Jüngste, Laura, hilft im Moment bei uns mit. Sie ist Buchhändlerin; den Hof zu übernehmen, ist wohl nicht ihr Ding. Daher bin ich die potenzielle Hofnachfolgerin, zumal ich schon als Kind gerne hier mitgeholfen hab und immer schon wie meine Mutter Landwirtin werden wollte.

So in drei, vier Jahren werden Andy und ich wohl die Verantwortung auf dem Hof übernehmen. Dass er sich eine Zukunft hier mit mir vorstellen kann, freut mich sehr! Regula und Hansruedi können's dann ein bisschen ruhiger angehen. Zurzeit arbeite ich an einer landwirtschaftlichen Schule im Aargau als Lehrerin und Beraterin im Bereich Ackerbau. Weil ich noch mehr lernen wollte über die Landwirtschaft, habe ich nach meiner Lehre als Landwirtin und einem Australienaufenthalt Agronomie studiert, an der HAFL in Zollikofen, der Fachhochschule für Agrar-, Forst- und Lebensmittelwissenschaften. Das war wirklich gut, es hat mir viele Türen geöffnet!

Im Moment kommen Andy und ich an einem bis zwei Wochenenden pro Monat hier rauf, um mit anzupacken. Je nachdem, wie oft Regula unsere Hilfe braucht. Der Betrieb ist ja sehr abgelegen. Eine meiner Ideen ist, Schelten einmal als ganze Region zu vermarkten. Die Höfe könnten sich zu einer Vertriebsgemeinschaft zusammenschließen, mit einem gemeinsamen Internetauftritt und einem Hofladen an einem gut erreichbaren Standort. Meine Schwester Manjana hat ja schon einen kleinen Selbstvermarktungsladen auf dem Scheltenpass, wo sie Fleischprodukte, Gemüse und eingemachte Früchte verkauft. Und auch wir vermarkten hier unser Fleisch. Das könnte man doch zusammenlegen und andere Bauern mit dazu nehmen. Denn je größer die Produktevielfalt, desto besser. Ja, die Geschichte hätte noch Potenzial *(lacht)!*

Hansruedi fährt auf dem Platz vor, er ist zurück von einem Fest mit Freunden. Als das Fleisch fertig ist, setzen sich alle an den reich gedeckten Tisch, um gemeinsam unter freiem Himmel zu tafeln. Das Gespräch kreist um die Hofübergabe von der Mutter auf die Tochter.

Regula: Es gibt immer mehr Frauen, die Landwirtin werden und Höfe übernehmen.

Andrea: Früher hat man das den Frauen vielleicht weniger zugetraut. Aber die Geschlechterrollen verwischen ja immer mehr …

Regula: Ich sehe dabei noch einen anderen Aspekt, schon fast einen politischen. Frauen sind oft in der erhaltenden, sozialen oder pflegenden Rolle. Und die Landwirtschaft hat noch so etwas Archaisches, etwas, das der Gesellschaft guttut. Wenn ich sehe, wie das Urban Gardening floriert, wie die Leute wieder anfangen, selbst auf dem Balkon zu gärtnern, dann denke ich, sie spüren, dass ihnen etwas fehlt, der Bezug zum Wachsen, zur Natur, zum Leben, zum Säen, zum Hegen und zum Pflegen. Und vielleicht spüren die Frauen stärker, dass die Landwirtschaft etwas Wichtiges ist. Die Männer sehen wohl eher, dass man mit der Landwirtschaft immer weniger verdient. Aber wir Frauen merken, dass das Bauern etwas Gesundes, Gutes ist. Also tun wir's!

Der Sonnenuntergang verfärbt den Himmel blutrot. Andrea und Andy machen sich auf den Heimweg. Vor dem Eindunkeln legt sich eine ruhige Abendstimmung mit zauberhaftem Licht über den Hof. Bald schon erhellt der Mond die Nacht, Grillen zirpen. Laura und Pflegesohn Demian hüpfen in die Federn. Und Regula und Hansruedi sitzen bei einem Glas Wein noch bis Mitternacht zusammen und philosophieren über Wettbewerbsdruck und die Liberalisierung der Landwirtschaft in einem globalisierten Markt.

Wenn ich sehe, wie das Urban Gardening floriert, wie die Leute wieder anfangen, selbst auf dem Balkon zu gärtnern, dann denke ich, sie spüren, dass ihnen etwas fehlt, der Bezug zum Wachsen, zur Natur, zum Leben.

Hansruedi: Die Schweiz ist der größte Lebensmittelimporteur pro Kopf in Europa. Und dann forderte kürzlich dieser Professor Reiner Eichenberger, Leiter des Seminars für Finanzwissenschaft an der Uni Fribourg, in einem Artikel: »Gebt Bauern statt Subventionen goldene Fallschirme«. Landwirtschaftsbetriebe müssten radikal liberalisiert und wettbewerbsfähig werden und die kleinen Höfe müssten verschwinden, damit die großen wachsen könnten. Typisch Betriebswirtschaftler! Die überschätzen sich maßlos und tun so, als hätten sie die Weisheit mit Löffeln gefressen.

Regula: Immerhin hat Ulrike Minkner, Biobäuerin und Uniterre-Geschäftsführerin, ihm in einem Leserbrief Paroli geboten *(liest vor):* »Da fordert Professor Eichenberger weitere Liberalisierungsschritte und verpackt eine überholte Wirtschaftsideologie in abgedroschene Phrasen. Dabei wäre es dringend nötig, dass von dieser Gilde endlich Visionen, Lösungen und Vorschläge ausgearbeitet würden, bei denen nicht einzig Gewinnmaximierung, Wettbewerbssteigerung und Wirtschaftsinteressen im Zentrum stehen.

Wir brauchen Professoren, die über den Tellerrand hinausschauen und Überlegungen anstellen, wie wir Gesundheit, Wohlfahrt, Ernährung, Landwirtschaft, Umwelt und Klimaanliegen gemeinsam angehen können! Wir erwarten, dass der Staat seine Pflicht wahrnimmt, und zwar nicht nur für große Multis, sondern für alle Menschen. Freihandel ist nicht gottgegeben, sondern ein Konzept, das den Konzernen immer mehr Macht zuspielt und den Staat zur Marionette verkommen lässt. Eichenbergers Rezept der Industrialisierung bringt tatsächlich der Industrie immer billigere Rohstoffe, aber die Auswirkungen dieser Politik zeigt heute ihre Bumerang-Effekte deutlich. Unsere Gesundheit steht auf dem Spiel.«

Nach einer sternenklaren Nacht mit glitzerndem Firmament stehen Regula und Hansruedi am nächsten Morgen um Viertel vor sieben schon wieder auf der Matte, trinken rasch einen Tee und gehen dann die Rinder, Esel und Pferde füttern. Um acht Uhr trifft sich die ganze Familie zum ausgiebigen Frühstück. Dann schwärmen sie in alle Richtungen aus. Laura geht mit der Motorsense hinter die Brombeeren, die am Waldrand ins Gras hineinwuchern. Regula führt die Pferde und Esel auf die Weide, füllt das Tränkebecken mit Wasser auf und mistet dann mit Hansruedi den Stall aus. Später wandert Regula über steiles Gelände zum Hochplateau hinauf, wo die Kühe und Rinder weiden, um nach der Herde zu schauen.

Ich hab das Gefühl, das ist ein magischer Ort. Ich kann hier so richtig Energie tanken.

Ich hab das Gefühl, das ist ein magischer Ort. Die Kühe sind oft wie verklärt hier oben *(lacht)!* Auch die Vegetation ist interessant; es wachsen ganz viele Orchideen, bis zu zehn Stück auf einem Quadratmeter – wie auf einem Blumenteppich. Ich kann hier so richtig Energie tanken.

Oben angekommen, weitet sich der Blick über die Juraketten. Föhren und Tannen stehen vereinzelt in der mageren, mit Orchideen gespickten Alpenblumenwiese. Am Waldrand klafft eine Doline mit sumpfigem Saum, die sich dann und wann mit Wasser füllt. Die Kühe genießen das erfrischende Nass und trinken Wasser aus der Mulde. Heugümper springen umher, Schmetterlinge flattern, Bienen summen, Fliegen umschwirren die Kühe, Kuhschwänze schnalzen durch die Luft.

Die Aufzucht von Rindern ist ein wichtiger Betriebszweig für uns. Kuhkälber von Milchbetrieben aus dem Talgebiet verbringen knapp zwei Jahre auf unserem Hof. Bevor sie zum ersten Mal kalben, gehen sie auf den Ursprungsbetrieb zurück. Das ist eine sinnvolle Arbeitsteilung zwischen Berg und Tal. Der Talbetrieb kann sich auf die Milchproduktion spezialisieren und delegiert die Aufzucht an einen Bergbetrieb. Dank des Klimas und der guten Kräuter auf unseren artenreichen Wiesen wachsen aus den Talrindern robuste, gesunde und langlebige Kühe heran.

Auf dem Weg zurück zum Hof ertönt schon das Signal für das Mittagessen. Laura hat gekocht und ruft zu Tisch. Bei Thai-Curry und Salat aus dem Garten entschließen sich Regula und Hansruedi, am Nachmittag das vorgestern geschnittene Gras einzufahren. Während Mutter und Tochter das Heu zu Mahden zusammenrechen, lädt Hansruedi es auf den Ladewagen und fährt es über holpriges Gelände zur Scheune hinauf. Derweil setzen sich Mutter und Tochter ins Gras. Und Regula zieht Bilanz.

Wenn ich so zurückschaue, erkenne ich einen roten Faden, dem ich in meinem Leben gefolgt bin. Es gab schwierige Zeiten. Aber wenn ich sehe, was ich Schritt für Schritt gelernt habe, und was mich zu dem gemacht hat, was ich heute bin, dann bereue ich nichts! Ich versuche einfach das zu leben, was mich glücklich macht und mich in meine Mitte bringt. Zwischendurch hab ich dann immer mal wieder solch geniale Momente, Schlüsselerlebnisse. Was will ich mehr, als eins zu sein mit meiner Umgebung? Das ist es doch, was zählt im Leben!

Wenn ich so zurückschaue, erkenne ich einen roten Faden, dem ich in meinem Leben gefolgt bin.

SUNDA
FUN
DAY

Frauenpower auf dem Bauernhof

Lange Zeit galt: Männer werden Landwirte, übernehmen den Hof, und sind für Vieh und Ackerbau zuständig. Frauen werden Bäuerinnen und damit Spezialistinnen für Haushalt, Garten, Hühner, Hund und Hofkatzen. Doch junge Frauen sehen sich immer weniger in der traditionellen Bäuerinnenrolle; sie wollen selbst Verantwortung für den Hof übernehmen und lassen sich statt zur Bäuerin zur Landwirtin ausbilden.

Während ihr Anteil bei den Lernenden 1990 noch 2,2 Prozent betrug, waren 2015 unter den 1343 neuen Auszubildenden bereits 192 Frauen – fast 15 Prozent, Tendenz steigend. Und auch bei den Betriebsleiterinnen legen sie zu. Unter den etwas über 53000 Betriebsleitenden fanden sich 2015 2849 Frauen, das war ein Anteil von 5,4 Prozent. Eine Generation früher lag ihr Anteil noch bei 4,2 Prozent.

Je länger diese Entwicklung anhält, desto weniger ist auch die traditionelle Vater-Sohn-Hofnachfolge in Stein gemeißelt. Die Übergänge werden durchlässiger. Immer öfter übernehmen auch Töchter die Höfe, womit die Landwirtschaft insgesamt weiblicher wird.

Wandertipp

Auf dem Jurahöhenweg die Sicht in die Alpen genießen

Der Naturpark Thal lässt sich auf verschiedenen Wander- und Themenwegen erkunden. Ein Klassiker darunter ist der Jura-Höhenweg, der entlang der ersten und höchsten Jurakette in sechzehn Etappen von Dielsdorf bis nach Nyon führt. Wir picken uns das Wegstück Nummer 5 heraus und starten im Solothurner Balsthal.
Die Wanderung beginnt mit einem Aufstieg auf die Schwengimatt, die auf genau 1000 Metern liegt. Weiter führt der Höhenweg durch bewaldetes Gebiet und an der Schattenbergflue vorbei auf den Balmberg, wo ein Seilpark Kletterfreudige in die Baumwipfel lockt. Nach der Röti erreicht man schon bald den Weissenstein, den Balkon der Solothurner, wo das Kurhaus zu einer Rast einlädt, bevor man mit der neuen Seillbahn bequem zurück ins Tal nach Oberdorf hinunter gelangt.

Route: Balsthal–Schwängimatt–Hällchöpfli–Vorderi Schmidmatt–Oberbalmberg–Weissenstein

Höhenmeter: 1200 m ↗
450 m ↘
Distanz: 18 km
Zeit: 6 h 15
Schwierigkeit: T1

Ai Faii
Colla, Val Colla (TI)
1100 m

Schweizer Bergheimat
Bio, KAG-Freiland

Bergzone 3
6 ha Wiesen und Weideland
und 5 ha Wald auf
17 Parzellen

11 Capra Grigia und 1 Bock
7 Engadiner Schafe
1 Widder
9 Appenzeller Barthuhn-
hennen und 1 Hahn
2 Pommernenten und 1 Erpel
3 Eselinnen
1 Hündin
4 Katzen

www.prodottidicolla.ch

Ai Faii

»Bauern und die Berge machen glücklich!«, sagt Claudia Gorbach, 48, die zusammen mit ihrem Mann Daniel Degen zuhinterst im wilden Tessiner Bergtal Val Colla einen kleinen Biobergbauernhof führt mit Grauen Bergziegen, Engadiner Schafen, Eseln, Appenzeller Barthühnern, Pommernenten, einem Hund und vier Katzen.

Nach zwanzig Minuten Fußmarsch, durch dichten Laubwald den Berg hinauf, erreicht man die idyllische Lichtung mit den hingewürfelten Steinhäusern und dem Gehöft – ein paradiesischer kleiner Flecken. Hier hat sich das Deutschschweizer Paar seinen Traum erfüllt und ist in das Bauernleben eingestiegen. Claudia, die Biobäuerin und Agronomin, bringt als Älplerin, Entwicklungshelferin und landwirtschaftliche Beraterin einen riesigen Erfahrungsrucksack mit ein. Heute ist sie nicht nur um das Wohl ihrer Tiere besorgt, sondern auch um das ihrer Agriturismo-Gäste im Rustico, die die Tage vor dem Feuer und unterm Sternenhimmel ausklingen lassen.

Claudia, klein, drahtig, mit frechen Stirnfransen, den wachen Äuglein und einem großem Herz, ist immer in Bewegung, sowohl körperlich wie geistig, und so vielfältig interessiert, dass sie manchmal kaum noch weiß, wo ihr der Kopf steht. Die Ideen gehen ihr nie aus. Ruhe findet sie dann wieder im Leben mit den Tieren und Pflanzen, mit Wind und Wetter, Sonne und Regen. Und bei der Arbeit mit Menschen – achtsam und nah an der Natur.

Claudia Gorbach

Kräuterkundige, landwirtschaftliche Beraterin, Agronomin

Auf dem Weg von der Busstation, steil hinauf durch den Wald und über Bergwiesen, in denen das Johanniskraut gelb leuchtet, erzählt Claudia aus ihrem Einsteigerinnenleben wie aus dem Bilderbuch:

Ich wollte schon immer Bäuerin sein, und jetzt haben wir's hier auf unserm Hof auf 1100 Metern geschafft. Ich weiß noch, wie ich das Inserat zum ersten Mal sah und gleich Feuer fing! Ein kleiner Bauernhof, keine Zufahrt, die Möglichkeit, Land zu pachten, viel Handarbeit, in einem Tessiner Bergtal! Mit vierzehn hatte ich mir schon ein Projektlein erträumt, eine Lichtung, ein kleiner Bauernhof, dazu noch Gäste betreuen. So hatte ich mir das in etwa ausgemalt. Ja, und dann bin ich halt vierzig geworden, bis ich mich drangewagt hab *(lacht)*.

Der Einstieg war ein Prozess, fast wie eine Schwangerschaft.

Der Einstieg war ein Prozess, fast wie eine Schwangerschaft. Trau ich mir das zu? Kann ich die Verantwortung übernehmen für so einen Hof? Und jetzt sind wir schon seit fast fünf Jahren hier! Als wir hierher kamen, habe ich als Erstes intensiv Italienisch gelernt, das war für mich eine richtige Bereicherung. Das Tessin liegt in der Schweiz, und doch sind die Landschaft und auch die Mentalität ganz anders als in der Deutschschweiz. Wenn ich hin und wieder ins Appenzellerland fahre, wo ich herkomme, dann erscheint mir dort alles so wohlgeordnet, jeder Quadratzentimeter wird genutzt. Hier ist vieles urtümlich und wild, wild-romantisch. Wenn du oben auf die Lichtung trittst, ist es einfach still, du hörst nur noch den Fluss und tauchst in eine andere Welt ein!

Das Schöne ist, dass wir diesen Flecken mit anderen Menschen teilen können. Unsere Gäste genießen es so hier in den Ferien, und auch unsere Freunde aus der Deutschschweiz kommen oft und gern und helfen beim Heuen, Holzen oder Zäunen. Eine Kollegin, die einmal für einen zweitägigen Einsatz zum Weidenputzen bei uns war, sagte, wow, hier musst du ja jedem Quadratmeter etwas abringen! Und ja, das stimmt! Ich find's schön, das zu vermitteln. Ich bin gerne Brückenbauerin zwischen Stadt und Land.

Natürlich sind Daniel und ich privilegiert, dass wir's so machen können. Er arbeitet unter der Woche in St. Gallen. Sein Verdienst ermöglicht uns dieses zu Hause in den Bergen, ohne dieses zusätzliche Geld hätten wir den Hof nicht übernehmen können. Aber wir bezahlen auch einen Preis dafür: Daniel pendelt sechs Stunden von Haustür zu Haustür und bleibt vier Tage in der Woche in St. Gallen.

Die Tessiner Berglandwirtschaft hat ja noch nie ein Auskommen ermöglicht. Wenn ich die alten Leute erzählen höre … Früher bewirtschafteten die Frauen mit den Kindern und ein paar Geißen den Hof, die Männer gingen auswärts arbeiten – in die Deutschschweiz, in die Westschweiz, nach Italien. Und wenn's gut ging, kamen sie zweimal im Jahr heim, manchmal auch nur über Weihnachten. Das war wirklich hart.

Weil das Bauern im Tessin mit Armut und mit Hunger verbunden war, genießt es hier auch keine Anerkennung, ganz anders als im Appenzellerland. Dort wird das Bauernleben mit Brauchtum und Traditionen assoziiert. Da ist die Nachfolge kein Problem. Hier im Tessin ist das nicht so, die Leute fliehen. Und oft sind die, die doch in die Landwirtschaft gehen, eben aus der Deutschschweiz. Aber die Tessiner sind stolz auf ihre Produkte und sind deshalb auch bereit, dafür einen guten Preis zu bezahlen.

Der Wald öffnet sich zu einer Lichtung.

Schau, hier beginnt unser Pachtland. Es war ziemlich verbuscht, als wir es übernahmen. Befreundete Bauern haben uns besucht und einen ganzen Tag lang Bäume gefällt, jetzt sind wir am Aufräumen. Als Erstes ließen wir die Geißen und Esel aufs Land, nun kommen die Schafe, danach räumen wir alles Holz beiseite und roden Himbeeren, Brombeeren, Ginster, kleine Eschen, Birken. Die kleinen Stauden reißen wir von Hand aus oder rücken ihnen mit unserer Motorsense zu Leibe.

Oben am Haus angekommen, vermitteln Palmen ein Gefühl, als wäre man plötzlich am Mittelmeer. Der Frühling ist da. Die Sonne scheint, alles grünt und blüht, Bienen summen, Vögel zwitschern, Hühner picken nach Körnern und Würmern, Pommernenten watscheln über den Platz. Claudia serviert auf der Veranda Kaffee und Rhabarberkuchen.

Die Einheimischen trauern den Zeiten heute noch nach, als noch alles »pulito«, also sauber und offen war. Denn langsam kam der Wald.

Unser Haus war früher ein alter Kuhstall, den unsere Vorgänger zum Wohnhaus um- und ausgebaut haben. Amalia, eine ältere Frau aus dem Dorf, erzählte mir einmal, dass auf unseren Wiesen die vier Kühe Pasquala, Elvezia, Gilia und Egregia geweidet haben. Sie hat die Tiere gehütet und deren Milch hier verkäst und den Rahm zu Butter geschlagen. Der Flecken diente der Dorfbevölkerung damals als Monte, wie die Maiensäße hier genannt werden. Das Gras schnitten sie bis zum Fluss hinunter. Die Einheimischen trauern den Zeiten heute noch nach, als noch alles »pulito«, also sauber und offen war. Denn langsam kam der Wald, das Land interessierte keinen mehr, es ist steil, karg und rau. Doch nun erobern wir uns die Weideflächen Stück für Stück wieder zurück, indem wir sie roden und entbuschen.

Das einzige Zugeständnis, das uns unser Leben hier abfordert, sind unsere Autos. Als wir noch in Gais im Kanton Appenzell

Am Anfang tat ich mich sehr schwer damit. Ich bin ja eher bei den Grünen. Und jetzt hab ich gleich zwei Autos.

wohnten, waren wir stets mit dem Velo und dem öffentlichen Verkehr unterwegs. Aber jetzt, mit den Tieren und dem Hof, sind wir auf die beiden Autos und den Anhänger angewiesen. Am Nissan hat Daniel eine wahnsinnige Freude, ein Pick-up mit Seilwinde. Und es ist eben schon cool, du kannst hinten auf die Ladefläche ein Schaf aufladen oder Heuballen damit transportieren. Aber am Anfang tat ich mich sehr schwer damit. Ich bin ja eher bei den Grünen. Und jetzt hab ich gleich zwei Autos *(lacht)*. Doch Daniel sagt immer, jetzt lass mal deine Vorstellungen los, wie die Dinge sein sollten und was gut ist und was nicht. Da hat er eben schon ein bisschen recht. Und immerhin fährt mit unserer Wechselnummer stets nur ein Auto.

Als Monteur Sepp eintrifft, der die defekte Solaranlage auf dem Dach reparieren soll, serviert Claudia ihm auch erst einmal einen Kaffee. Sie kommen auf die Tiere zu sprechen. Sepp erkundigt sich, welche alten Rassen sie auf dem Hof halten.

Claudia: Die Engadiner Schafe, die Capra-Grigia-Ziegen, die Appenzeller Barthühner und die Pommernenten. Weißt du, ich hab mal bei der ProSpecieRara gearbeitet. Die Organisation setzt sich für den Erhalt aussterbender Rassen ein. Man könnte es also auch »déformation professionelle« nennen *(lacht)*. Und dann gibt's da noch das Rätische Grauvieh. Davon träume ich, von so einem Rätischen Grauviehkühlein mit seinen schwarzen Augen. Die sind robust, genügsam und relativ klein, sodass sie das Land nicht zu sehr beschädigen! Aber im Vergleich zum Schottischen Hochlandrind hat's keine Chance. Die Schotten sind einfach attraktiv! Und anscheinend kommt das einheimische Rätische Grauvieh mit dem Adlerfarn hier nicht mehr klar. Das weiß ich vom Bauern, der hier im Val Colla vier Alpen mit Schottischen Hochlandrindern bestoßen hat.

Sepp: Ja, der Farn wird über zwei Meter hoch! Da kommst du als Mensch nicht mehr durch. Aber die Schotten walzen die Halme einfach platt! Die räumen auf!

Claudia: Ja, darum hat der Bauer hier Schottische Hochlandrinder. Und die sind natürlich ein Hingucker!

Sepp: Und total friedlich. Auch die Stiere! Die haben's wahnsinnig gerne, wenn du sie ein bisschen zwischen den Augen kraulst.

Claudia (lacht und guckt auf die Uhr): Du, jetzt muss ich los. Ich muss dringend mein Schaf mit seinen Lämmlein rauslassen! Es hat Zwillinge, so herzig!

Claudia geht zum Schafstall, um die Aue mit ihren Lämmern, die erst gestern zur Welt gekommen sind, auf die Weide zu lassen. »Ja, Perlina! Du hast bestimmt einen riesigen Hunger!«

Sie mag kein Heu mehr fressen und muss deshalb dringend auf die Weide. Jetzt fehlen nur noch zwei Schafe, die ablammen. Sie sind noch in der Herde auf der Weide in Insone, zwei Dörfer weiter unten. Der Besitzer des Fleckens ist pensionierter Bauer, hat Freude an den Tieren und schaut nach ihnen.

Die Esel sind auch weg. Die sind in den Ferien bei Freunden im Tal, die sehr viel Land, aber selber keine Tiere haben – und sie haben Wahnsinnsfreude an den Eseln! So ist uns beiden gedient. Die Geißen sind auf einer Weide bei der Kirche oberhalb des Dorfes, das ist ein regelrechtes Geißenparadies dort, da die Bauersleute dort dabei sind, das Land zu entbuschen. Nächste Woche gehen sie z'Alp. Über den Sommer bleiben uns dann nur noch die Schafe, der Hund, die Katzen und das Federvieh.

Claudia führt Perlina und die Lämmer auf die Weide, wo sich die Tiere gleich auf das frische Gras stürzen. Mähähäää! »Nein, sind die nicht herzig!?« Später gibt sie dem Zicklein den Schoppen. Als es bereits dämmert und sie alle Tiere in den Stall zurückgebracht hat – Hühner, Enten und Perlina mit ihren Lämmern –, macht sie sich daran, das Abendessen zu kochen.

Im Val Morobbia gleich nebenan hat sich das zweite Wolfsrudel der Schweiz gebildet. Niculin, einem Bauern im Tal, haben sie im November sieben Geißen gerissen. Der Wolf ist da! Bei mir ist's noch nicht so dramatisch, weil ich die Geißen einzäune. Aber für das Tessin ist das ein riesiges Problem, denn die Bauern machen hier traditionell den sogenannten *vago pascolo,* das heißt, sie lassen die Geißen frei laufen und weiden. Darum, wie löst man das? Ich erlebe hautnah mit, wenn wieder ein Wolf eine Geiß oder ein Schaf reißt. Es gibt Leute, die das für romantisch halten. Aber wir müssen hier mit dem Wolf leben! Und einen Herdenschutzhund aufzuziehen, ihn zu halten, das ist jetzt auch nicht jedem gegeben … Du siehst, man hat hier ganz viele Probleme *(lacht)!*

Es gibt Leute, die das für romantisch halten. Aber wir müssen hier mit dem Wolf leben!

Klar, der Tod gehört zum Leben dazu. Das ist auch etwas, was ich hier lernen musste. Ich bin ja keine Bauerntochter. Wenn man auf einem Hof lebt, ist das ganz natürlich. An Lichtmess kam zum Beispiel das erste Gitzi zur Welt – schwuppdiwupp, in einer Viertelstunde war es da. Ich hab es mit Stroh abgerieben, die Mama hat es abgeleckt – und schon musste ich mit meinem Schaf Carlina los zur Metzg. So nah sind sich Leben und Tod, untrennbar miteinander verbunden – das eine entsteht aus dem anderen. Manchmal ist das schwierig zu verstehen, aber es macht unser Dasein vollkommen. Das gefällt mir so am Bauern. Es hat so eine Kraft darin! Es ist so intensiv und so elementar! Deshalb ist Leben mit den Tieren und der Natur für mich ein bisschen wie ein Gebet, voller Demut und Achtsamkeit – vor allem seit dieser schrägen Geschichte, die ich durchgemacht habe: Ich war eine Zeitlang im Appenzellerland in einer spirituellen Gruppe, mit Rückführung und Clearing und Channeling und all solch esoterischem Zeugs. Wir waren die Auserwählten, die Lichtarbeiter, die Vorreiter, und alle anderen waren … *(sie fasst sich an den Kopf)* … Es war der absolute Psychoterror, Gehirnwäsche pur! Die Mitglieder steckten ihr ganzes Geld da rein. Zum Glück bin ich da raus. Ein Sektenexperte hat mir die Augen geöffnet. Danach war ich zu dem Thema sogar mal in einer Talkshow des Schweizer Fernsehens. Da saßen eine Astrologin, ein Wahrsager und ein Religionswissenschaftler – und ich als »Opfer« mittendrin! Dabei habe ich mich nie wirklich als Opfer gefühlt. Jedenfalls, von da an ging's wieder aufwärts mit mir. Ich merkte einfach, Claudia, entweder stehst du jetzt auf – oder du versinkst in einer Depression. Nein, es war wirklich krass!

Leben mit den Tieren und der Natur ist für mich ein bisschen wie ein Gebet, voller Demut und Achtsamkeit.

Nach dem Abendessen rollt sie die Geschichte auf, die sie über viele Zwischenstationen hierher geführt hat.

In der Schulzeit war ich als Siebzehnjährige zum Austausch in Peru. Es musste unbedingt Peru sein, weil ich immer Bücher las über die Inka und den Machu Picchu. Dort verliebte ich mich in einen Mann; er arbeitete in der Landwirtschaft, das hat mich sehr fasziniert! Von da an war mir klar, dass ich Internationale Landwirtschaft studieren wollte. Die Kombination aus Landwirtschaft und Entwicklungszusammenarbeit interessierte mich. Also habe ich mich für ein Studium in Agronomie mit Fachrichtung Internationale Landwirtschaft eingeschrieben.

Während eines Auslandsemesters war ich ein halbes Jahr in Sikkim. Das ist der kleinste Staat in Indien, zwischen Nepal und Bhutan. Sikkim war einst ein Königreich, und es ist der einzige buddhistische Staat Indiens, das ja sonst hinduistisch ist. Das war ein ziemlicher Kontrast zu Südamerika, extrem spannend! Aber, gell, es ist anmaßend, zu denken, dass man in einem halben Jahr Entwicklungshilfe leisten könne, ohne auch nur die Mentalität der Menschen verstanden zu haben … Außerdem, so glaube ich, haben wir in der Schweiz noch genügend Entwicklungspotenzial *(lacht)*. Aber trotzdem war's sehr aufregend!

Später war ich noch einmal für zwei Jahre in Peru und leitete dort ein Landhotel mit angeschlossenem Landwirtschaftsbetrieb. Noch in Peru fand ich die Stelle bei der Sorten- und Artenschutzorganisation ProSpecieRara in St. Gallen. Als die dann aber nach etwa vier Jahren ihren Sitz nach Aarau verlegten, kündigte ich Hals über Kopf und war danach lange auf Arbeitssuche. In der Zeit wurde ich sehr erfinderisch *(lacht)*. Ich fing unter anderem an zu schreiben, zum Beispiel für die Zeitschrift *Schweizer Bauer*, für die ich mehr als zehn Jahre tätig war.

Später arbeitete ich in der landwirtschaftlichen Beratung in Kanton Appenzell Ausserrhoden. Dort beriet ich Bäuerinnen in Sachen Direktvermarktung, über Agrotourismus bis hin zu Themen wie Generationenkonflikte, Überlastung, Scheidungsproblematik, solche Dinge. Gleichzeitig war ich Geschäftsführerin des Bauernverbands Appenzell Ausserrhoden. Ich habe es sehr genossen, mit den Bauern und Bäuerinnen zusammenzuarbeiten. Das alles gab mir einen großen Weitblick und ein großes Netzwerk. Das schätze ich sehr!

Aber im Büro merkte ich, wie ich es mehr und mehr vermisste, selber in der Erde zu wühlen oder eine Geiß zu melken. Ich fand's ein bisschen unproduktiv, war unzufrieden … Auch das ständige Drinnenhocken! Eines Tages fand ich, es sei an der Zeit – jetzt, oder nie –, und stieg hier im Tessin ein! Und heute kann ich wirklich voller Stolz sagen, dass ich Bergbäuerin bin *(strahlt)*.

Im Büro merkte ich, wie ich es mehr und mehr vermisste, selber in der Erde zu wühlen.

Um Punkt Mitternacht fällt Claudia ins Bett. Am nächsten Tag liegt sanftes Morgenlicht über der Hügellandschaft. Der Wind streicht über die Baumwipfel, hin und wieder schlägt ein Palmwedel an die Scheiben. Claudia ist schon wieder seit sechs Uhr auf den Beinen, hat dem Zicklein im Dorf schon die Milchflasche gegeben, die Esel und die Schafe besucht. Und jetzt beginnt sie, die Ziegenmilch zu verkäsen.

Im Käsekeller haben uns die Mäuse den Käse angefressen. Darum mussten wir improvisieren. Daniel hat uns ein schönes Käsegestell gezimmert und Schubladen eingebaut. Damit geht's. Dazu stelle ich noch Lebendfallen auf und hab so schon mehrere Mäuse gefangen.

Am Käsen hab ich viel Freude! Die Milch ergibt einen Formagella di capra pro Tag. Das ist ein kurz gereifter Halbhartkäse, den sie früher im Tessin selber aßen. Heute wird er vor allem als typische Tessiner Spezialität verkauft. Und manchmal mache ich auch Büscion oder Formaggini, beides Tessiner Ziegenfrischkäse. Der Käse letztes Jahr war super! Ja, das Käsen fasziniert mich. Man wird automatisch ein bisschen langsam, wenn man im Kessi rührt. Und es ist gut, wenn man ruhig ist und sich Zeit lässt beim Käsen. Das ist was ganz Schönes, überm offenen Feuer sowieso! Und wenn ich dann von Kunden eine SMS bekomme – wow, complimenti!, der Käse sei sehr gut –, freut mich das natürlich ganz besonders!

Jetzt möchte ich einen speziellen Käse entwickeln und hab auch schon eine Idee. Ai Faii heißt's hier, im Dialekt bedeutet das »bei den Buchen«. Darum würde ich gerne einen Frischkäse mit zarten Buchenblättern aromatisieren. Ich hab auch schon mal was ausprobiert und den Käse in Heu eingelagert, einfach um zu schauen, ob er den Heugeschmack tatsächlich annimmt. Ja, das sind so Dinge, die ich ausprobiere. Für meine Produkte biete ich einen Abo-Service an, den »Prodotti di Colla«: Das geht vom Käse über Schaftrockenwurst, Kräuterpfeffer, Kakikonfitüre, Kastaniensablés und Tees bis zu Thymiansirup, Rosenzaubercreme oder Ziegenmilchseifen, je nach Saison.

In China hocken die Leute in den Bäumen, um die Blüten von Hand zu bestäuben!

Und vielleicht gibt's ja bald auch mal Honig im Sortiment, weil dieses Jahr Bienen dazukommen. Ai Faii ist ein Paradies für Bienen, die Bienenhäuser stehen an einem wunderschönen Platz auf der obersten Gartenterrasse bereit. Ich hab einen Grundkurs in Bioimkerei besucht, so spannend! Das mit dem Bienensterben ist ja ein riesiges Thema. In China hocken die Leute in den Bäumen, um die Blüten von Hand zu bestäuben! Und dann machen sie noch eine Studie darüber, wer wohl der bessere Bestäuber sei, der Mensch, die Hummel oder die Biene *(greift sich an den Kopf)!* Das ist doch Science Fiction, nicht? So weit dürfen wir es nicht kommen lassen!

Zum Schutz der Bienen gibt's ganz verschiedene Bewegungen. Der Verein free the bees setzt sich zum Beispiel für die Rettung der freilebenden Honigbiene und für die naturnahe Bienenhaltung mit der Klotzbeute, also dem Bienenhäuschen in den Bäumen ein. Denn wie die Bienen zum Teil bei uns gehalten werden, das kann mit einer Hochleistungskuh verglichen werden. Die werden gepuscht auf Honig, Honig, Honig! Mit meiner Bienenhaltung versuche ich einen guten Mittelweg zu finden.

Sie geht in den Frühlingsgarten hinaus und pflückt einen Strauß an Kräutern, aus denen sie einen knackig frischen Wiesenkräutersalat zubereitet. Dazu tischt sie Butter, Dörrtomaten, Oliven, Formaggini und selbstgebackenes Brot auf. »Buon appetito!«

Der Hof ist mein Experimentierfeld, die Ideen gehen mir nicht aus. Es tun sich einem so viele Welten auf: Man kann Gäste bewirten, Kammerkonzerte organisieren, ein Open-Air-Kino veranstalten, filzen, Käse und Wurst herstellen, Bienen züchten … Aber natürlich kann man sich auch verlieren in dieser Fülle. Deshalb ist die Bauernarbeit für mich zehnmal herausfordernder als ein Bürojob. Aber das ist ja auch das Spannende: Man ist Buchhalterin, Unternehmerin, Betriebsleiterin, Veterinärin, man muss ein gutes Weidemanagement haben, dazu ist man Gastronomin, Gastgeberin – alles! Also ich staune, wenn ich daran denke, dass man früher gesagt hat: Ja, ja, wenn du nichts kannst, wirst du Bauer. Das kann ich überhaupt nicht nachvollziehen.

Das Einzige, was dann halt bei alledem manchmal ein bisschen auf der Strecke bleibt, bin ich.

Das Einzige, was dann halt bei alledem manchmal ein bisschen auf der Strecke bleibt, bin ich *(lacht)*. Weil ich ja immer den Anspruch habe, nicht nur an der Oberfläche zu bleiben, sondern alles richtig gut zu machen. Damit überfordere ich mich manchmal selbst. Ja, und hier vier Tage lang allein die Verantwortung zu tragen und allein Entscheidungen zu treffen, das hängt mir manchmal auch ein bisschen an. Ich sehne mich manchmal nach der Zeit, wenn Daniel pensioniert und immer hier sein wird.

Also darum, für mich ist's eine absolute Lebensschule – in allem. Als mich eine Journalistin mal fragte: »Was produzierst du eigentlich?«, da brachte mich die Frage erst in Verlegenheit; ich fühlte mich in die Enge getrieben. Was produziere ich eigentlich? Käse habe ich hergestellt, fünf Kitze vermarktet, die Hühner legen fleißig Eier, die ich in der Umgebung verkaufe. Von den Engadiner Schafen gibt's wunderschöne Wolle. Und der Garten beschenkt uns mit zuckersüßen Tomaten in allen Farben und Formen. Wir produzieren Landschaftsqualität und lebendige Vielfalt, wir gewinnen Wiesen und Weiden zurück, die sich der Wald einverleiben möchte. Und dann kam mir das Wichtigste in den Sinn: Freude »produzieren« wir! Ja, Freude an unserem Tun! Frohe Tiere, lachende Kinder, heitere Gäste und Freunde, die uns unterstützend durchs Jahr begleiten! Das ist schön! Und es ist sinnvoll! Ich merke zum Beispiel, wie es den Leuten, die hier helfen, guttut, körperlich zu arbeiten. Am Schluss sehen sie, wow, jetzt ist der Heustock voll! Oder der Zaun steht. Oder die schönen Kajütenbetten im Rustico sind fertig und die Gäste haben so Freude daran. Den Leuten tut's gut, mal Holz zu spalten und zu schwitzen, wirklich zu schwitzen *(lacht)!* Und das zu teilen, das ist wahnsinnig schön!

Vom Acker auf den Teller

Einmal pro Woche holt Claudia Gorbach bei der Conprobio-Verteilstelle im Tal ihre Einkäufe ab: Gemüse, Früchte, Milch, Alpkäse, Wein, Kaffee, Schokolade – alles in Bioqualität, die Früchte und das Gemüse saisonal, das meiste davon aus dem Tessin. Die Genossenschaft Conprobio verbindet Bioproduzenten direkt mit den Konsumentinnen und Konsumenten. »Con« steht für »consumatori« und »pro« für »produttori«, ausgesprochen klingt das fast wie »compro bio«, ich kaufe bio. Dabei bilden jeweils mindestens vier Haushalte eine Einkaufsgruppe, zu der die Lebensmittel aus der Zentrale in Cadenazzo ausgeliefert werden – »bis in den hintersten Krachen des Tessins«, scherzt Claudia. Zweihundert Einkaufsgruppen sind es unterdessen, das macht rund 1600 Haushalte. Claudia schwärmt: »Es ist immer so eine gute Stimmung und ein bisschen wie in einer Familie. Und das Beste ist, dass die Kooperative auch kleine Produzenten berücksichtigt, sodass ich diesen Winter jetzt selber mal mit Kakikonfitüre eingestiegen bin!«

Conprobio ist ein Erfolgsmodell und ein Win-Win-Modell für alle Beteiligten: Die Konsumenten erhalten frische, saisonale, lokale Biolebensmittel, die Produzenten eine langfristige Abnahmegarantie mit fairen Preisen für ihre Produkte. Die nicht gewinnorientierte Kooperative bietet sechzehn Menschen in sieben Vollzeitstellen einen Arbeitsplatz zu einem garantierten Mindestlohn von 4000 Franken. Jährlich erwirtschaftet die Genossenschaft heute einen Umsatz von über drei Millionen Franken.

Der direkte Draht zwischen Produzenten und Konsumenten macht Schule, wie die immer zahlreicheren Initiativen regionaler Vertragslandwirtschaft wie Soliterre in Bern, Ortoloco in Zürich oder Le Jardin de Cocagne in Genf zeigen. Schweizweit gibt es schon rund fünfzig solcher alternativer Produktions- und Vertriebsmodelle. Nachahmen und selber mitmachen wärmstens empfohlen!

Wandertipp

Hinauf zum höchsten Panoramapunkt des Val Colla

Das Val Colla nahe Lugano lockt nicht nur Bike-Fans mit dem Höhenweg als einem der schönsten Singletrails des Tessins, sondern das wilde Tal erfreut auch das Wandererherz. So beschenkt einen der Monte Bar als höchster Panoramapunkt mit einem atemberaubenden Ausblick über Lugano und den See bis nach Mailand und zum Monte Rosa in den Walliser Alpen. Vom Bergdörfchen Signora steigt man erst durch lichte Birkenwälder hinauf zur Hütte bei Piandanazzo. Auf dem Monte Bar genießt man dann den fantastischen Weitblick – inklusive der charakteristisch gezackten Denti della Vecchia, einem beliebten Kletterfelsen des Tessins. Und auf dem Abstieg trifft man zweihundert Metern unterhalb des Gipfels auf die Capanna Monte Bar, in der man sich mit regionalen Spezialitäten verwöhnen lassen kann. Nach Bidogno runter geht's erst weiter über offene Weiden, bevor man wieder in die herrlich kühlen Birkenwälder eintaucht.

Route: Signora, Paese–Moncucco–Piandanazzo–Monte Bar–Capanna Monte Bar–Bidogno, Paese

Höhenmeter: 860 m ↗
1057 m ↘
Distanz: 13 km
Zeit: 5 h
Schwierigkeit: T1

Salix
Ausserferrera (GR)
1300 m

Biohof, Bergzone 3
1,1 ha

Salix

Tief in der Talrinne eingekerbt rauscht der Bergbach Ragn da Ferrera. In der Flussschleife betten sich Gemüsefelder auf fruchtbaren Boden, darüber gruppieren sich sonnengegerbte Holzstadel mit dicken Steinplattendächern zum Bergdörfchen Ausserferrera. Weiter bergwärts, ganz zuhinterst im wilden Averstal, hockt auf über 2100 Metern Juf, die höchstgelegene ganzjährig bewohnte Siedlung Europas.

Bis dorthin liefert Gemüsebäuerin Uli Stober, 32, ihr knackiges Gemüse, das sie auf 1300 Metern Höhe kultiviert, fast alles ausschließlich von Hand. Per Abo versorgt sie auch sonst die ganze interessierte Talschaft mit erntefrischem, biologischem Gemüse frei vor die Haustür.

Uli, die selbstbestimmte, starke Frau, gelernte Zimmerin und Bäuerin und überzeugte Veganerin, die nicht unnötig für das Töten von Tieren verantwortlich sein will, wohnte einst in St. Gallen in der Wagenburg, ging später einige Sommer z'Alp und tankt heute neben der Arbeit auf dem Feld täglich zwei Stunden Kraft auf dem Meditationskissen.

Nachdem die Beziehung mit ihrem Partner in die Brüche ging, war der Berggemüsehof ihr ureigenes Projekt. Wäre da nicht Franck in ihr Leben getreten, der Franzose, der nach zwei Aufenthalten bei ihr in Ausserferrera felsenfest entschlossen ist, sein Domizil bald ganz ins Schweizer Bergdorf zu verlegen.

Ulrike Stober

Zimmerin, Bäuerin

Ganz alleine ist Uli auch jetzt nicht, darf sie doch immer wieder auf freiwillige Helferinnen und Helfer zählen, die mal Bergluft schnuppern wollen und bei ihr gegen Kost und Logis mit anpacken. Wie Fernando, der Automobilfachmann mit brasilianischen Wurzeln aus dem Kanton St. Gallen. Beim Zubereiten des Abendessens diskutieren die beiden über Gott und die Welt und die Nahrungsmittelproduktion.

Am liebsten wäre ich Selbstversorger. Ich find's einfach nicht richtig, wie heutzutage das Essen produziert wird.

Fernando: Am liebsten wäre ich Selbstversorger. Ich find's einfach nicht richtig, wie heutzutage das Essen produziert wird. Selbst bio ist keine hundertprozentige Garantie mehr dafür, dass etwas gut ist.

Uli: Ja, weil's halt auch Bauern gibt, die nur auf bio machen, weil sie dafür mehr Stutz bekommen. Aber es ist natürlich ganz was anderes, ob eine Maschine die Setzlinge in den Boden drückt oder du sie von Hand. Aber dafür musst du natürlich ziemlich idealistisch sein.

Fernando: So wie du!?

Uli (lacht): Ja, klar! Würde ich sonst auf 1300 Metern Höhe Berggemüse anbauen? Aber apropos Massenproduktion: Das Maß ist einfach wichtig! In einer kleinen Dosis kann etwas eine Medizin sein, was in einer großen Dosis schädlich ist. Das ist bei allem so. Ich hab mir zwar auch eine kleine Maschine angeschafft, den Rapid, einen Einachser, und find's cool. Ich brauche ihn, um das Gemüse vom Feld zum Hof raufzutransportieren. Und ich kann auch einen Mähbalken und eine Umkehrfräse anhängen, um die Felder vor der Aussaat zu lockern. Denn bei dieser Größe kann man nicht mehr alles von Hand machen. Aber ich muss jetzt keinen riesigen Traktor haben oder was weiß ich.

Uli tischt das vegane Gericht auf, gedämpften Blumenkohl mit Reis und Blattsalat, garniert mit Kapuzinerkresse und Ringelblumenblüten als Farbtupfern. Später, beim Zwetschgenkompott, greift Fernando zum veganen Kochbuch und liest daraus vor.

Fernando: »Vegane Ernährung hilft gegen Massentierhaltung und schont die Umwelt. Der Regenwald wird für Weideflächen und Futteranbau gerodet. Unsere grüne Lunge wird so täglich kleiner, Arten sterben aus und Ureinwohner werden vertrieben.«

Uli: Die bösen, bösen Fleischesser *(lacht)!* Nein, im Ernst, es geht natürlich nicht darum, nur noch Gemüsegärten zu haben auf dieser Welt. Es braucht von allem – eben auch die Fleischproduzenten wie meinen Nachbarn, um den ich sehr froh bin, profitiere ich doch von seinem Mist als Dünger und er von meinem Heu als Futtermittel; ein super Tauschgeschäft! Aber nichtsdestotrotz: Der

Fleischkonsum ist heute ziemlich außer Kontrolle geraten. Früher hatte jeder Bauer sein Kühlein, um das er sich gekümmert hat. Er verwendete die Milch, die es gerade abwarf. Heute sind die Kühe zu richtigen Hochleistungsproduktionsmaschinen mit riesigen Eutern herangezüchtet worden, die nach fünf Jahren total ausgelaugt sind, obschon eine Kuh gut fünfundzwanzig Jahre alt werden kann. Und das alles zugunsten des Konsums und Überkonsums. Man muss ja heute jeden Tag Fleisch essen, jeden Tag Käse haben, jeden Tag Milch. Das Maß und der Bezug zu den Tieren sind total verloren gegangen.

Ganz zu schweigen davon, dass die Milch- und Fleischproduktion nur schon rein ökonomisch pure Energieverschwendung sind. Es braucht extrem viel Getreide, um ein Kilo Fleisch oder einen Liter Milch zu produzieren. Insofern kann man sagen, dass wir mit unserem Überkonsum mitverantwortlich dafür sind, dass Menschen anderswo hungern. Und vom ökologischen Gesichtspunkt her betrachtet, weiß ich schon gar nicht, wo ich anfangen soll …

Nehmen wir die Hühner als Beispiel. Bei den Legerassen wollen sie nur die Weibchen. Alle männlichen Küken werden gleich nach der Geburt getötet, millionenfach! Sie werden auf Bändern aussortiert und landen direkt im Schredder! Es ist einfach schlimm, dass Tiere heutzutage nur als Ware betrachtet werden, krass!

Aber es ist nicht meine Absicht, zu missionieren. Jeder trägt selbst die Verantwortung dafür, was er isst. Ich hab ja früher auch Tiere gehabt und sie geschlachtet. Ich war der Meinung, wenn ich Fleisch esse, muss ich das Tier auch umbringen können. Aber dann wurde mir klar, dass genau das nichts für mich ist! Ich will nicht mehr für das Töten von Tieren verantwortlich sein, wenn's nicht sein muss. Das ist der Ursprungsgedanke, weshalb ich Veganerin geworden bin.

Ich sitze auf dem Kissen, konzentriere mich auf den Atem. Man wird dabei ganz ruhig, es schärft den Geist.

So richtig sonnenklar wurde mir das nach einer Vipassana-Meditation in Indien. Vipassana ist eine der ältesten buddhistischen Meditationstechniken und bedeutet so viel wie »sehen, was ist«. Ich meditierte zehn Tage lang und sprach kein Wort, mit niemandem, was ziemlich intensiv war. Noch heute meditiere ich jeden Tag zwei Stunden, morgens und abends. Ich sitze auf dem Kissen, konzentriere mich auf den Atem. Man wird dabei ganz ruhig, es schärft den Geist, man merkt aber auch, wie oft man wegdriftet. So übt man das Jetzt-und-hier-Sein im Körper. Dass ich das mal machen würde, hätte ich ja selber nie von mir gedacht *(lacht)!*

Bei einem Meditationskurs am Mont-Soleil hier in der Schweiz lernte ich letzten Winter Franck kennen. Wir tauschten unsere

Mailadressen aus und besuchten uns gegenseitig, er kam zweimal hierher, ich fuhr zu ihm nach Südfrankreich. Ihn hat das Leben hier so sehr gepackt, dass er jetzt wild entschlossen ist, hierherzuziehen *(lacht)!* Eigentlich freue ich mich sehr. Aber es macht mich auch ein bisschen nervös …

Franck und ich haben wahnsinnig viele Gemeinsamkeiten: die Meditation, die Liebe zur Natur, er kann sich so sehr an einer Blume erfreuen oder den Vollmond genießen. Obschon wir aus ganz unterschiedlichen Richtungen kommen. Vom Garten etwa hat er nicht wahnsinnig viel Ahnung, ich musste richtig schmunzeln.

Gegen neun Uhr verschwindet Uli, um ihre E-Mails zu lesen. Das Geschirr mag sie nicht mehr abwaschen. Fernando übernimmt. Am nächsten Morgen läutet Ulis Wecker um Viertel vor sechs. Nachdem sie gestern den ganzen Tag auf dem Feld gestanden und Gemüse geerntet hatte, zwanzig Kilo Bohnen, Blumenkohl, Tomaten, Bohnen, Zucchetti, Rüebli, Gurken, Rucola, ist heute Liefertag. Nach einer Stunde Meditation und einem Morgentee lädt sie das Gemüse auf die Ladefläche des Pickups und fährt früh los, damit sie mit dem erntefrischen Ladegut nicht in die pralle Mittagshitze gerät. Unterwegs erzählt sie aus ihrem Leben, das sie vor vier Jahren ins Val Ferrera getragen hat.

Meine Großeltern sind aus der DDR geflohen. Sie mussten alles stehen und liegen lassen und flohen mit ihren Buben in den Westen.

Meine Großeltern sind aus der DDR geflohen. Sie mussten alles stehen und liegen lassen und flohen mit ihren Buben in den Westen. 1987 zogen meine Eltern dann mit meinem Bruder und mir in die Schweiz. Mein Vater hatte eine Stelle als Handchirurg im Kantonsspital in St. Gallen gefunden; später wurde er dort Chefarzt. Meine Eltern trennten sich, als ich acht war, und ich wuchs bei meiner Mutter auf. Nachdem sie vor ein paar Jahren an Krebs gestorben ist, gehen mein Vater und ich wieder aufeinander zu. Unser Verhältnis wird je länger je besser. Kürzlich sagte er zu mir: Du weißt ja, dass ich für dich da bin. So schön!

In meiner Jugend war ich voll die Revoluzzerin und fand's so verrückt, wie die Gesellschaft der verdammten Kohle nachrennt. Karriere, Geld – diese Werte habe ich komplett in Frage gestellt. Ich dachte schon früh, dass man Selbstversorgerin sein muss, wenn man nicht einfach nur ein Rädchen in diesem System sein will. Freiheit und Selbstbestimmtheit waren mir schon damals wichtig. Und heute versuche ich einfach, meine Ideale zu leben und bin eigentlich gar nicht so schlecht unterwegs damit *(lacht).*

Nach der Matura hatte ich die Schnauze definitiv voll von der Schule, wollte ganz was anderes machen. Drum begann ich, im

Winter Schneeskulpturen zu bauen, in Arosa, St. Moritz und Zermatt. Das hat mich so reingezogen, dass ich da bis heute mitarbeite, auch weil wir so ein cooles Team sind. Ich bin mir allerdings noch nicht sicher, ob ich diesen Winter wieder gehe. Mangels Schnee konnten wir letzte Saison ganz viele Ideen gar nicht umsetzen. Dabei hatte ich mir den Dezember extra freigehalten und konnte dann doch nicht arbeiten. Das war natürlich nicht so toll. Da hätte ich gerade so gut als Zimmerin Aufträge annehmen können.

Zimmerin ist meine Erstausbildung. Dass ich Zimmerin werden wollte, war mir klar, als ich von einer längeren Reise durch Neuseeland zurückkam. Ich wollte mit anderen Leuten in einer Kommune zusammenleben und bauern und Zeugs und Sachen, möglichst viel selber machen halt. Ich dachte mir, die einen kennen sich aus mit Gärtnern, die anderen mit Viechern – und was kann ich in die Gemeinschaft reinbringen? … Ja, wir könnten doch unsere Häuser und unsere Ställe selber bauen! Also wurde ich Zimmerin – und lernte dabei vor allem eins: selbständig zu arbeiten, ganz praktisch an die Dinge heranzugehen und zu planen.

Man muss sich als Frau einfach durchsetzen und Sprüche einstecken können.

Es gibt nicht ja so viele Frauen unter den Zimmerleuten. Ich war die einzige im Lehrbetrieb und in der Schule sowieso. Man muss sich als Frau einfach durchsetzen und Sprüche einstecken können. Am Anfang guckten immer alle ganz komisch auf dem Bau. Und wenn die Männer checkten, dass ich anpacken kann und dass es läuft, waren natürlich alle extrem zuvorkommend *(lacht)*. Manchmal war das Frausein drum auch von Vorteil.

Nach der Lehre kaufte ich einen tiefliegenden Anhänger und baute ihn zu meinem eigenen Wohnwagen aus, mit dem ich vier Jahre in St. Gallen in der Wagenburg lebte. Im Moment steht er in St. Gallen im Garten einer Freundin. Er ist die ganze Zeit bewohnt. Irgendwann werde ich ihn hier raufnehmen. Klar ist's im Winter kalt da drin. Man muss halt einfach einfeuern und dranbleiben. Aber da's ein kleiner Raum ist, braucht's nicht viel, bis es warm wird.

Ja, der Wagenpark war eine coole Wohnform. Man war zusammen, und doch hatte jeder seinen Wagen als Rückzugsmöglichkeit. Im Sommer lebten wir sehr viel draußen; wir duschten, kochten und aßen unter freiem Himmel, und wenn's mal regnete, machten wir ein Feuer und saßen unter unserer überdachten Fläche, mega schön!

Parallel dazu machte ich mich selbständig und nahm erste Aufträge an, mal hier was und mal dort was. Drei Sommer lang gingen mein damaliger Freund Potti und ich zusammen z'Alp – immer auf Schafalpen. Und schon nach dem ersten Alpsommer schauten wir uns nach einem Platz um, wo wir fix bleiben und selber etwas aufbauen konnten. Wir wollten nicht mehr immer nur für andere arbeiten. Dann stieß ich auf dieses Inserat für das Haus mitsamt Land hier in Ausserferrera. Am Anfang war ich skeptisch, denn ich war so fixiert auf die Mindestgröße von einem Hektar. Aber ein Kollege meinte zu mir: Jetzt schau's dir doch mal an – wenn du so sehr nach dem absolut Perfekten suchst, fängst du nie an! Da dachte ich mir, eigentlich hat er recht!

Darauf sind Potti und ich bald schon hier eingestiegen. Wir fingen bei Null an. Hier war nichts als Wiese. Den ersten Sommer lang hatten wir deshalb drei Wollschweine, die uns halfen, alles umzugraben, wahnsinnig herzige Viecher. Aber über den Winter konnten wir sie nicht behalten, wir hatten weder den Platz noch die Zeit. Deshalb mussten wir sie im Herbst zum Schlachten bringen. Das hat mir noch mal den Rest gegeben! Ich ertrag das einfach nicht!

Aber nach zwei Jahren haben Potti und ich uns getrennt. Es ging einfach nicht mehr. Jetzt führt er in Engelburg in der Nähe des Wagenplatzes seinen eigenen Hof, das tut ihm sehr gut. Ich packe hier jetzt alleine an, zusammen mit meinen vielen Helfern, und der Garten wird von Jahr zu Jahr größer. Zu den 0,7 Hektar Land konnte ich noch das Häuschen nebenan mit ein bisschen Landwirtschaftsland dazukaufen. Und unten in der Flussschleife pachtete ich eine Wiese dazu, so dass ich jetzt 1,1 Hektar bewirtschafte und meinen Hektar, den ich immer wollte, zusammen hab *(strahlt)!*

Im Talschlitz scheint die Sonne nicht so lange. Es ist also gar nicht so einfach, hier Gemüse anzubauen.

Der Platz hier gefällt mir extrem gut! Das Klima auf 1300 Metern Höhe ist zwar schon ein bisschen rau. Oft bleibt in der Mulde unten auf den Feldern die Kühle des Bergbachs liegen. Und im Talschlitz scheint die Sonne nicht so lange. Es ist also gar nicht so einfach, hier Gemüse anzubauen. Die Erntesaison ist kurz, von Juni bis Mitte Oktober. Und im Herbst kommt der Hirsch. Drum musste ich die Felder zusätzlich mit einem Fleximaschendraht einzäunen. Der Hirsch frisst sie mir sonst kahl, denn sobald es runterschneit, legt's mir die Drähte flach und der Hirsch hat freie Bahn, um alles abzugrasen, was er zwischen die Zähne kriegt.

Was ich hier so mag, ist, dass das Tal so schön leer und so urchig ist. Und den Fluss liebe ich auch! Im Sommer, wenn's heiß ist und ich im Garten arbeite, laufe ich über Mittag zum Wasser hinunter und gehe nackt baden. Zum Trocknen leg ich mich auf einen warmen Stein, das ist so schön! Die Lebensqualität hier ist super. Wenn ich jetzt mit meinen Gemüseabos von diesem Ort auch noch leben kann, dann ist das doch ein Traum, nicht *(lacht)?*

Letztes Jahr war ich an der Bäuerinnenschule am Strickhof in Wülflingen. Neben den Haushaltssachen – Kochen, Putzen, Flicken – hab ich viel gelernt, vom Gartenbau über Produkteverwertung bis hin zu technischen Fächern wie Betriebslehre, landwirtschaftliches Recht und Buchhaltung – all das Zeug, das man braucht, um einen Betrieb zu führen. Als Wahlmodule konnte ich obendrein Direktvermarktung und Ackerbau belegen, das war super toll! Dank der Ausbildung bin ich jetzt auch direktzahlungsberechtigt. Reich werde ich zwar trotzdem nicht, ich leb total unter dem Existenzminimum *(lacht)*. Aber für mich ist die Lebensqualität eh viel wichtiger als viel Geld auf dem Konto.

Für mich ist die Lebensqualität eh viel wichtiger als viel Geld auf dem Konto.

Seit dieser Saison biete ich die Gemüseabos erstmals offiziell an, 18 Stück hab ich zur Zeit, sie kosten zwischen 15 und 30 Franken. Ein sehr guter Kunde ist das Hotel Bergalga talaufwärts, und fürs Bergwaldprojekt auf der Alp hab ich auch ein großes Abo. Dazu kommen die Ferienhausbesitzer und Freunde, die ich beliefere. Die Leute schätzen den Service sehr. Ich liefere das Gemüse jeden Dienstag direkt vor die Haustür, Bohnen, Rüebli, Lauch, Kohlrabi, Salat. Sogar Tomaten hab ich neuerdings dank der beiden Folientunnel. Und diesen Frühling hab ich noch Hochstammobst gepflanzt, Apfel-, Birnen-, Kirschen-, Zwetschgen- und Nussbäume, dazu eine Mirabelle. Und in der Hecke wachsen Felsenbirnen und Kornelkirschen.

Zurück von der Gemüseauslieferungstour, gehen Uli und Fernando am Nachmittag in den wunderprächtigen Garten, um das Erdbeerfeld auszujäten. Die Sonne lacht! Uli arbeitet, mit Strohhut geschützt, im kurzen Röckchen mit T-Shirt und in Gummistiefeln, und Fernando hilft gut gelaunt mit.

Ich probiere beim Anbau immer wieder Dinge aus der Permakultur aus. Zum Beispiel versuche ich, möglichst wenig einzugreifen und ein Ökosystem zu schaffen, wo das eine das andere begünstigt – das spart auch Arbeit! Es geht darum, günstige Lebensbedingungen für die Pflanzen zu schaffen, zum Beispiel mit einer Hecke, die den Wind abhält und dadurch die Kulturen auf den Feldern schützt. Oder durch die Kombination von gewissen Pflanzen, die sich schützen oder begünstigen und dadurch voneinander profitieren.

Allerdings kann ich jetzt nicht mehr so viele Mischkulturen anbauen. Ich muss den Kohl gegen den Kohlweißling abdecken, einen Schmetterling, der als Raupe das ganze Feld kahl frisst. Dann ist's blöd, wenn ich hier eine Reihe Kohl hab und dort drüben noch eine. Drum muss ich den jetzt halt nebeneinander pflanzen. Manchmal muss man ganz schön viel herumjonglieren. Aber ich bin ja am Lernen, es ist ein stetiger Prozess, und dazu gehört eben auch die Anbauplanung. Es geht jetzt erst mal darum, Routine zu bekommen und die Anbauabfolge und den Ertrag zu optimieren. Dann wird's jedes Jahr ein bisschen besser. Das ist es, was mich so reizt: hier Dinge ausprobieren können. Das könnte ich noch und hier noch und dort *(lacht)!*

Daneben habe ich auch so einige Langzeitprojekte: den Platz hier noch ein bisschen gestalten, den Stall ausbauen, das Häuschen nebenan, die Bäume aus der Baumschule auspflanzen, eine weitere Hecke setzen, unten bei der Feuerstelle eine Außenküche mit Lehm-Pizza-Ofen einrichten, einen kleinen Hofladen ... Es gibt so viele Ideen!

Ich fänd's schön, wenn hier eine Gemeinschaft entstehen würde. Wenn zum Beispiel im Häuschen nebenan noch andere nette Leute wohnen würden, die auch irgendein Projekt haben, töpfern oder Trommelkurse geben, was weiß ich. Eine Idee, an der ich auch immer herumstudiere, ist, über den Sommer ein Angebot zu schaffen für Leute, die mal wieder in der Natur sein, sich mit der Erde verbinden und sich selber spüren wollen.

Ich versuche, möglichst wenig einzugreifen und ein Ökosystem zu schaffen, wo das eine das andere begünstigt – das spart auch Arbeit!

Wenn Franck hier bald mit anpackt, können wir eh mehr Dinge anreißen. Im Winter werden wir wohl gemeinsam Schneeskulpturen bauen oder ich als Zimmerin arbeiten, es gibt ja viele Möglichkeiten. Wir werden sehen, wie es kommt! Jedenfalls ist's spannend!

SALIX

KARTOFFELN

DEVÈS
Rapid

SILVAN 1
SALIX
SALIX
TI
59
587

Permakultur – Nachhaltigkeit pur

Permakultur ist sozusagen der konsequentere Bio-Landbau. Sie verschreibt sich dem achtsamen Umgang mit der Erde, den Menschen und berücksichtigt mit nachhaltigen Kreislaufsystemen auch die Begrenztheit der Ressourcen. Kurz: Sie arbeitet mit und nicht gegen die Natur, wie es ihr Gründervater, der mit dem Alternativen Nobelpreis ausgezeichnete Bill Mollison, vor rund vierzig Jahren formulierte. Der Australier entwickelte zusammen mit David Holmgren die nachhaltige Bewirtschaftungsform als Antwort auf die ökologisch verheerende Art der heutigen industriellen Landwirtschaft, in der Monokulturen mit schwerem landwirtschaftlichem Gerät und viel Einsatz fossiler Rohstoffe beackert werden, wo Pestizide und Fungizide zu einem großen Verlust an Tier- und Pflanzenarten führen und Böden und Wasser verschmutzen – womit der Mensch am Ast sägt, auf dem er sitzt.

Auch der 2008 vom Weltagrarrat veröffentlichte Bericht kam zum Schluss, dass die industrialisierte Landwirtschaft der Biodiversität schadet, soziale Ungerechtigkeit verursacht und die Hungerproblematik weltweit verschärft statt sie zu mildern. Über vierhundert Wissenschaftlerinnen und Wissenschaftler warnen darin eindringlich, dass radikal andere Wege beschritten werden müssen, um Böden, Luft, Gewässer und Menschen wieder gesunden zu lassen.

Weist die Permakultur als nachhaltiger Gegenentwurf zum heutigen energieintensiven, klima- und umweltschädigenden Agrarsystem den Weg? Für Graham Bell, einen weiteren Vordenker, ist klar: »Permakultur dient dem Aufbau einer sich selbst erhaltenden Welt«. Und es scheint ganz so, als ließen sich weltweit immer mehr Menschen begeistern vom agroökologischen Versuch, die Erde zu einem integral guten Ort des Lebens zu gestalten.

Wandertipp

Ab ins Murmeltierparadies

Nirgendwo sonst wohnen so viele Murmeltiere wie rund um Juf, dem mit 2126 Metern höchstgelegenen ganzjährig bewohnten Bergdorf Europas. Die Chancen, dass man auf dem nahegelegenen Murmeltier-Lehrpfad vom Loretschuhus bei Avers-Juppa bis zur Alp Olta Stofel den Nager pfeifen hört oder ihn durch die Alpenwiesen wuseln sieht, stehen also gut. Hintergründiges zeigen unterwegs zur Alp die elf Informationstafeln auf. Dort erfährt man, wie die Murmeli wohnen, was sie fressen, wie sie sich verständigen und fortpflanzen, ihr Revier verteidigen oder sich auf den Winterschlaf vorbereiten. Der Weg ist kinderwagen- und rollstuhltauglich. Fernglas nicht vergessen!

Route: Juppa–Olta Stofel retour

Höhenmeter: 130 m ↗ 130 m ↘
Distanz: 4 km
Zeit: 2 h
Schwierigkeit: T1

Oberer Rütiberg
Ebnat-Kappel (SG)
800 m

Biohof, Bergzone 3
4 ha inklusive Wald

2 Hühner
2 Katzen

www.kraeuterfrauen.com

Oberer Rütiberg

Der Obere Rütiberg, ein kleines, autofreies Blumen- und Kräuterparadies, liegt nur eine halbe Fußstunde oberhalb von Ebnat-Kappel im Toggenburg. Seitlich des Gehöfts säumt dunkler Nadelwald die offene Wiesenfläche, oberhalb des Hauses schmiegt sich der liebevoll angelegte Kräuter- und Blumengarten an den Hang, während weiter unten der wilde Gemüsegarten sprießt.

Inmitten dieses schönen Fleckens wirken und werken die beiden Quereinsteiger Renate Krautkrämer, 66, und ihr Partner Walter Siegenthaler. Renate produziert Tee- und Gewürzkräuter für die Toggenburger Kräuterfrauen und ist in ihrem üppigen Garten meist barfuß unterwegs. »Ich liebe es, die Erde unter den Füßen zu spüren und Bodenhaftung zu haben«, sagt sie mit ihrem ansteckenden Lachen, das ihre blauen Augen zum Funkeln bringt. Einem Schmetterling gleich, flattert sie durch ihren Blumen- und Kräutergarten, pflückt Kaiserkerzen-, Malven- und Strohblumenblüten und steckt sie fein säuberlich in den geflochtenen Korb.

Einst hielt das Paar noch Schafe, heute gibt es auf dem Hof nur noch zwei Hennen – die flotte Lotte und Frau Schönhals – und zwei Katzen, die herumstreunen. Bald möchte Renate auch mit der Kräuterproduktion aufhören, um ganz in den Ruhestand zu gehen. Dann wird sie wieder mehr Zeit haben zum Reisen und um Freunde zu treffen. »Und ich wünsche mir auch, dass wieder mehr Zeit zum Staunen bleibt.«

Renate Krautkrämer

Kinderkrankenschwester, Heilpädagogin

Renate und ich haben einander im Wald kennengelernt. Das war meine Chance! Die Konkurrenz war relativ gering!

Nach getanem Tagwerk sitzen Renate und Walter abends im gemütlichen Stübchen neben dem Kachelofen. Die Pendeluhr tickt, Fliegen surren. Die beiden genießen die frische Gemüsesuppe.

Renate: All das Gemüse ist auf unserem steilen Hang gewachsen, das find ich immer wieder so schön! Sechzehn Jahre sind wir nun schon hier und bauen Gemüse und Kräuter an. Walter war sechzig, als wir hierher kamen, und ich fünfzig.

Walter: Davor wohnte ich im Tessin. Renate und ich haben einander dort im Wald kennengelernt. Das war meine Chance! Die Konkurrenz war relativ gering *(lacht).*

Renate: Ich lebte damals noch in der Nähe von Bonn und war mit meiner Tochter, meinem Enkelkind, einer Freundin und deren Baby im Tessin in den Ferien. Das war vor dreiundzwanzig Jahren, schon eine Weile her! Wir wollten im Isorno schwimmen gehen. Der Bach im Onsernonetal ist eiskalt. Aber nach dem Baden auf den heißen Stein liegen, das liebe ich! Auf der Suche nach dem Weg zum Bach hinab kam so eine leichtfüßige Gemse den Berg hinaufgesprungen, mit so einem Geschirr auf dem Rücken …

Walter: … ja, ja.

Renate: Damals war ich 42 und Walter 52. Also eine späte Liebe.

Walter: Ein Tessiner Kollege meinte zu mir: Im Wald hast du sie gefunden wie andere einen Pilz.

Renate: Hoffentlich kein Giftpilz!

Walter: Naja, hin und wieder …

Renate lacht: Weißt du, das ist immer eine Frage der Dosierung, nicht?

Sieben Jahre nach dem Kennenlernen klapperte das jungverliebte Paar halb Europa ab, getragen von der Idee, sich irgendwo gemeinsam in einem Ökodorf niederzulassen. Auf diese Weise stießen sie auf ein Inserat für einen Hof im Toggenburg. Also packte Renate ihre Siebensachen, um gemeinsam mit Walter in der Schweiz neu anzufangen.

Renate: Wir haben gar nicht nach so einem Hof gesucht, sondern einfach nach einem Haus mit Umschwung. Wir wollten einen Garten haben und uns so weit wie möglich selbst versorgen. Das mit dem Hof hat sich einfach so ergeben, wie so vieles in meinem Leben …

Walter: Als wir den Hof besichtigten, konntest du dir jedenfalls gleich vorstellen, hier zu leben.

Renate: Ich fand das Haus so süß *(lacht)!* Das geht mir heute noch so; wenn ich das Haus anschaue, rührt es mich einfach! Ich fand's zwar am Anfang schon sehr exotisch, auf einen Hof ohne direkte Zufahrt zu ziehen – exotisch und vor allem auch sehr anstrengend. Also, für Deutsche ist das ja jenseits von Gut und Böse! Aber inzwischen ist es längst okay. Ich meine, andere rennen im Winter an den Wochenenden mit den Schneeschuhen herum. Und wir laufen eben auch mit Schneeschuhen hier rauf und sind dann zu Hause. Auch schön! Es gibt keinen einzigen Tag, an dem ich bereut hätte, hier zu sein. Weißt du, ich sitze hier wie so eine Glucke und hab alles um mich herum, die Tiere, den Garten, die Obstbäume, die Bienen von Walter, einfach alles! Es stimmt für mich total. Und ich wünsche mir, dass es noch ein paar Jahre so möglich ist. Dass es uns nicht zu viel wird. Darum genieße ich auch die Vorstellung, dass es weniger wird. Mit der Schafhaltung haben wir ja schon aufgehört.

Walter: Der Tierarzt, den ich letztens zufällig traf, fragte mich, wie's so ginge ohne Schafe. Und ich antwortete, ja, gut, wir haben noch zwei Katzen und zwei Hühner und sind voll ausgelastet *(lacht)!*

Renate: Wir züchteten Engadiner Schafe, eine ProSpecieRara-Rasse.

Walter: Wenn wir ein Schaf zum Metzger brachten, waren wir immer so lange dabei, bis es tot war. Der Metzger bereitete das Fleisch nach unseren Bestellungen zu und wir lieferten es vakuumiert verpackt an unsere Kunden aus. Die Vermarktung lief direkt. Aber da wir nun mit der Pensionierung von Renate keine Direktzahlungen mehr bekommen, hätten wir nur noch draufbezahlt, also haben wir aufgehört. Renate hat eh immer gelitten, wenn es darum ging, zu entscheiden, welches Schaf zum Metzger muss.

Renate: Ich bin froh, dass es vorbei ist und ich nicht mehr über Leben und Tod entscheiden muss.

Ich bin froh, dass ich nicht mehr über Leben und Tod entscheiden muss.

Renate serviert ein fruchtiges Dessert und erzählt dabei, wie sie zur Kräuterexpertin wurde.

Zu den Kräutern bin ich durch puren Zufall gekommen. Ich hatte bereits in Deutschland einen Garten, um den ich mich neben meiner Arbeit kümmerte. Und dann las ich eines Tages in der Lokalzeitung einen Bericht über die Toggenburger Kräuterfrauen und war sofort interessiert, sie kennenzulernen. Als die Geschäftsführerin, die alle Kräuterfrauen zusammenhält, Verstärkung suchte, packte ich die Gelegenheit beim Schopf! Seither produziere ich für sie in Eigenverantwortung Tee- und Heilkräuter.

Ich habe viel über Kräuteranbau gelesen und bin mit großen Ohren und offenen Augen durch die Welt gegangen, hab überall Fragen gestellt, zugeschaut und selber ausprobiert. Ich hatte mich zuvor bereits mit Wildkräutern beschäftigt, aber das hier ist noch mal eine andere Dimension – im Grunde ist es eine Produktion. Allerdings dürfen wir offiziell keine Heiltees verkaufen. Dazu muss man Mitglied bei der Swissmed oder einem dieser Vereine sein, wo man hohe Beiträge bezahlt, damit man auf seine Kräuter draufschreiben darf, dass sie eine heilende Wirkung haben. Aber die Vorschriften sind schon ein bisschen kleinkariert. Letztlich ist das wohl auch Geschäftemacherei, eine Lobby. Die Pharmaindustrie will ihre eigenen Medikamente verkaufen.

Dass die Bienen diese Blütenpracht hier nutzen können, passt in meine Vorstellung von den Kreisläufen.

Auf die Kräuter folgten Walters Bienenvölker. Ich find's toll, wie das alles immer zueinander findet. Dass die Bienen diese Blütenpracht hier nutzen können, passt in meine Vorstellung von den Kreisläufen, wo alles ineinandergreift. Und die Reste vom Garten bekamen die Schafe oder die Hühner. Das ist für mich sehr stimmig, wenn alle voneinander profitieren können.

Um überhaupt als Biobetrieb anerkannt zu werden und Tiere halten zu können, mussten Walter und ich ein paar Seminartage beim Forschungsinstitut für biologischen Landbau belegen. Das finde ich auch richtig, wir haben ja beide keine landwirtschaftliche Ausbildung. Walter ist Spengler und Klimatechniker und hat sich im Lauf der Jahre jede Menge handwerklicher Fähigkeiten angeeignet. Das ist hier Gold wert! Und ich habe in Deutschland als Kinderkrankenschwester und Sozialpädagogin gearbeitet. Eigentlich hatten wir beide das Glück, dass es trotzdem gereicht hat, um den Betrieb zu erwerben. Das ist ja nicht selbstverständlich. Walter hätte ihn jedenfalls nicht kaufen können, wenn er nicht schon im Tessin landwirtschaftlich gearbeitet hätte.

Reich wird man mit den Kräutern natürlich nicht. Wenn es sehr gut läuft, komme ich in einer Saison auf 6000 Franken. Das kam mir immer total viel vor, gemessen an dem, was wir für unsere anderen Produkte, das Fleisch und den Honig, bekamen. Aber die wurden ja noch durch die Direktzahlungen unterstützt. Für die Kräuter gibt es keine Subventionen. Es kommt also wirklich nur das rein, was das Produkt hergibt, 6000 Franken für sechs Monate Arbeit. Das ist natürlich nicht wahnsinnig viel. Birgit, die Geschäftsleiterin der Kräuterfrauen, hat immer gesagt, Kräuterproduzieren ist ein Hobby, das noch ein bisschen Geld einbringt. Ohne Freude kann man das nicht machen.

Aber es fügt sich ja immer alles zum Guten, da hab ich eine große Zuversicht. Mein Lebensweg hat sich immer durch äußere Impulse verändert. Durch Walter bin ich in die Schweiz gekommen. Damals lebte ich schon viele Jahre in Trennung von meinem Mann, mit dem ich bis heute sehr freundschaftlich verbunden bin. Unsere beiden längst erwachsenen Kinder, Till und Laura, sind einst in die Waldorfschule gegangen. Die Anthroposophie hat mein Weltvertrauen auf eine Art noch verstärkt. Ich bin zwar nicht konfessionell religiös, aber so eine Stimmung, die hab ich schon. Und möglicherweise ist ja die Kirche einfach in einem drin …

Mein Sohn hat sich eine Zeitlang sehr mit dem Buddhismus und der Reinkarnationslehre beschäftigt. Einmal hat er zu mir gesagt: Jetzt bin ich Mensch, das ist eigentlich eine tolle Chance – wer weiß, vielleicht bin ich im nächsten Leben ein Regenwurm. Und da hab ich erwidert: Du, unterschätz das nicht, der Regenwurm kann die Erde heilen! Durch seine Verdauungsprozesse kann er Pilzkrankheiten im Boden neutralisieren. Das finde ich schon unglaublich, dass so ein kleiner Wurm so eine große Aufgabe hat, den Boden wieder gesund zu machen. Nur, wenn dann so ein Huhn oder eine Amsel kommt … dann ist's vorbei mit der großen Aufgabe *(lacht)!* Aber das zeigt: Man muss vor jedem Wesen Ehrfurcht haben!

Man muss vor jedem Wesen Ehrfurcht haben!

Am nächsten Morgen sitzen Renate, Walter und Erntehelferin Christa, die zur Erfrischung schon in den Brunnen gehüpft ist, zum Frühstücken vor dem Haus. Die Sonne strahlt. Renate schmiedet Tagespläne. Als die beiden Frauen oben im Garten ankommen, strecken sich die Sonnenblumen goldgelb dem Sonnenlicht entgegen, dahinter recken sich die Königskerzen stolz und aufrecht in den blauen Himmel hinein.

Schau mal, diese Begrüßung! Und das jeden Morgen! Die Königskerzen strahlen wie Kathedralen! Ein Teil vom Lohn bei dieser Arbeit ist ja auch, dass wir hier nebenbei noch Farbtherapie machen *(lacht)*. Und wie schön es ist, dass die Königskerzen ganz von selber dastehen. Ich hasse es, wenn Pflanzen gestützt werden müssen. Es kommt mir immer vor, als würde man sie in ein Korsett zwingen. Es ist doch enorm, dass so eine kräftige Pflanze alleine dasteht! Sie hat natürlich auch kräftige Wurzeln, die sie fest im Boden verankern. Ich denke, das kann uns auch etwas fürs Leben mitgeben. Trinken wir kräftig Königskerzentee!

Es ist doch enorm, dass so eine kräftige Pflanze alleine dasteht!

Nachdem Renate alle offenen Königskerzenblüten gepflückt hat, wechselt sie hinüber zu den Malven, einer wertvollen Schmetterlingspflanze. Daneben summen die Bienen in den Kornblumen. Später in der Scheune breitet sie die Blüten auf großen Sieben aus und schiebt sie in den Trockenschrank.

Der Schrank ist das Herzstück der Kräuterproduktion. Den hat Walter für mich maßgeschneidert. Gerade gestern hab ich den Zitronenthymian, einen meiner Lieblinge, da hineingetan. Es ist fantastisch, in diesem Aroma zu schwelgen! Da die Goldmelisse, rote Kornblumen, Ringelblumen, Kapuzinerkresse. Die kann man gut trocknen, zerreiben und in den Salat mischen. Das ist farblich sehr schön, und mit ihrem hohen Senfölanteil sind es auch unglaublich wertvolle Heilpflanzen.

Ich denke, das kann uns auch etwas fürs Leben mitgeben.

Gegen Mittag in der Küche bereitet Renate das Mittagessen vor. Da guckt die flotte Lotte, das einbeinig hüpfende Huhn, neugierig gackernd in die Küche hinein, hüpft weiter ins Büro, wo es sich's im Bücherregal gemütlich machen und sein Ei legen will, bevor es von Renate am Federkleid gepackt und nach draußen transportiert wird. »Nein, da wollen wir das Ei nicht hinlegen! Obwohl die Migros-Hühner das doch immer so schön machen, das Ei gleich in den Karton legen.« (lacht) Nach dem Mittagessen sitzen Renate und Christa in der Scheune und zupfen die Blätter von den Stielen, damit die Aromen beim Trocknen erhalten bleiben. Am Himmel haben sich dunkle Wolken zusammengebraut. Als der Regen losbricht, plaudern die Frauen über Schneckenplagen und Wühlmaus-Jagdmethoden.

Als ich sah, was die Wühlmäuse da unterm Kräuterfeld an Gängen angelegt und teilweise auch Sachen weggefressen haben, dachte ich mir, dagegen muss man doch was machen! Also hab ich angefangen, Mäusefallen aufzustellen. Aber es ist wirklich eine Kunst, die richtigen Gänge zu treffen. Und nachdem ich zweimal einen Hermelin in der Falle hatte, hatte sich das Thema dann auch erledigt. Dazu muss man wissen, dass die Hermeline nicht nur herzig sind und unter Naturschutz stehen, sondern dass die auch Mäuse fressen. Und dann dachte ich, also, der ist effizienter als meine Falle.

Darum stelle ich die Mäusefallen jetzt nur noch auf, wenn sie systematisch ein Beet abfressen. Dann sind die Gänge mit hoher Wahrscheinlichkeit wirklich von ihnen. Und das geht zu weit! Zwar fange ich nur selten eine – aber ich hab dann wenigstens das Gefühl, ich hätte mich gewehrt *(lacht)!* Auch mit Wieseln hab ich es versucht. Die Idee, Wiesel anzusiedeln, die dann die Mäuse fressen, statt mich selber mit der Mausfängerei zu beschäftigen, war mir sofort sympathisch!

Mit der Bodenfräse wollte ich den Mäusen ebenfalls zu Leib rücken, indem ich ihre Gänge kaputt mache, aber als ich die Beete mit der Hacke durcharbeitete, habe ich plötzlich gemerkt, dass ich damit den Feuersalamandern in die Quere kam. Da hatte sich das mit der Fräse auch erledigt *(lacht).* Außerdem finden sich auch Blindschleichen und Kröten in diesen Gängen. Das muss man eben auch sehen: wie viele Tiere im Ökosystem von den Mäusen profitieren. Raubvögel, Füchse, Eulen. Wir leben ja alle zusammen. Einer profitiert vom anderen. Und solange ich nicht verhungere, solange für mich auch noch etwas bleibt, kann ich doch den Mäusen gegenüber großzügig sein *(lacht)*.

Als der Himmel wieder aufgeklart hat, gehen Renate und Christa nach draußen, um die Kornblumenblüten zu pflücken. Barfuß stapfen sie durch die Blumen- und Kräuterbeete. Eine Bekannte, erzählt Renate, habe sie kürzlich gefragt, ob sie denn nun langsam fertig sei mit der Kräuterernte.

Ich bin nie fertig mit der Kräuterernte, hab ich erwidert. Nach der Ernte ist vor der Ernte. Das geht ja sofort wieder weiter. Das ist ja nicht wie Salat ernten. Den schneidest du einmal ab. Aber die offenen Blüten der Kornblumen, die pflücke ich jetzt, und kaum drehe ich mich um, gehen schon die nächsten auf. Auch den Zitronenthymian ernte ich mehrmals im Jahr. Man ist da wirklich immer dran.

Aber nächstes Jahr ist es ja vorbei. Dann bleibt wieder mehr Zeit für das Private, das finde ich schon schön. Es ist jedenfalls noch nicht so ganz klar, was nachher mit dem Garten passiert. Ich habe die Idee im Kopf, dass ich das Kräuterfeld neu strukturieren will und wir daraus einen kleinen Schaugarten mit Kräutern machen. Einfach aus Freude, für uns und für die Leute, die wir kennen.

Walter wird jetzt fünfundsiebzig, und ich denke oft, es ist einfach ein Segen, dass es ihm noch so gut geht. Aber man kann nicht davon ausgehen, dass das noch zehn Jahre so bleibt. Und wenn er noch vorhat, Sachen zu unternehmen, Wandern oder Reisen, dann muss man das eigentlich ab sofort machen. Deshalb finde ich es schon gut, dass mit der Landwirtschaft bald fertig ist. Walter sagt das zwar nie so, aber ich glaube, dass auch er froh ist, wenn der Druck weg ist.

Für die Zukunft könnte ich mir vorstellen, dass ich mich noch mal mehr in die Heilkunde vertiefe. Nicht, um damit noch ein Geschäft zu machen, nein, einfach damit die Menschen um mich herum davon profitieren können. Dass sie mich fragen können: Renate, ich hab das und das, kannst du mir dafür mal was mischen?

Ich wünsche mir, dass mehr Zeit zum Staunen bleibt.

Und außerdem wünsche ich mir, dass mehr Zeit zum Staunen bleibt. Oft nimmt man die Schönheit nur nebenbei wahr. Mehr staunen und immer wieder mal Neues ausprobieren, Neues denken, das finde ich so wichtig. Und dankbar sein! Es gibt so viele Gründe, dankbar zu sein, nicht?

Lebende

Keine Patente auf Saatgut und Pflanzen

Renate Krautkrämer vermehrt auf ihrem kleinen Betrieb Saatgut von Blumen oder Kräutern oft selbst oder sie tauscht bewährtes Saatgut im Kolleginnenkreis. Auch vegetativ, durch Teilung oder durch Stecklinge, zieht sie neue Pflanzen – so, wie es Bauern seit Jahrtausenden tun. Dazu kauft sie aber auch Saatgut von biologisch arbeitenden Profi-Saatgutbetrieben.

Doch in der hochgradig technologisierten Landwirtschaft gewinnen die meisten Bauern ihr Saatgut längst nicht mehr selbst, sondern beziehen es von Züchtern. Die Bauern sind zu Gliedern in langen Lieferketten geworden. In Europa und den USA haben mittlerweile einige wenige Großkonzerne die Saatgut- inklusive der Pestizidbranche fest in ihren Händen, allen voran Monsanto, Syngenta und DuPont.

Um ihre Marktmacht und ihren Einfluss auf die weltweite Nahrungsmittelproduktion weiter auszudehnen, lassen die Konzerne nun immer mehr genetisch verändertes Saatgut und gar konventionell gezüchtete Pflanzen patentieren, von Mais, Soja, Reis oder Weizen über Tomaten bis hin zum Brokkoli.

Für Landwirte bedeutet das, dass sie jedes Jahr Saatgut kaufen oder dafür Lizenzgebühren bezahlen müssen. Bäuerinnen und Züchter werden weitgehend enteignet, da sie ihr Saatgut und ihre Pflanzen ohne die Erlaubnis des Patentinhabers nicht mehr frei weiterverwenden dürfen. Die Unabhängigkeit der Bauern und die Sortenvielfalt der Nutzpflanzen sind dadurch heute schon stark eingeschränkt.

Doch in Europa wächst der Widerstand, damit die genetischen Ressourcen nicht in die Verfügungsgewalt einiger weniger Konzerne gelangen. Der freie Zugang zum Züchtungsmaterial muss erhalten und wieder hergestellt werden, indem der unseligen Praxis gegen Patente auf Leben ein Riegel geschoben wird. Unsere Kulturpflanzen sind ein gemeinsames Erbe der Menschheit.

Wandertipp

Auf dem Tanzboden hüpft das Herz

Den Tanzboden und sein Beizli auf der Wasserscheide zwischen Linthebene und Toggenburg muss man mit eigenen Augen gesehen haben, um seinem Charme zu verfallen! Wir starten in Ebnat-Kappel, überqueren die Thur und wandern auf dem sanft ansteigenden Berghang hinauf nach Müslen. In den moorigen Rieden wachsen je nach Jahreszeit Knabenkräuter, Wollgras und Büschel von Binsengräsern. Weiter geht's durch den Wald, über Wurzel- und Nagelfluhwege auf den Gubelspitz, wo wir die Gratkante erreichen. Westlich schimmert der Zürichsee, die Linthebene breitet sich aus, der Speer stellt sich spitz in den Himmel, und dahinter strecken sich die Gipfel des Alpenkranzes in den Himmel. Über die Chüebodenegg erreichen wir den Tanzboden mit seiner gemütlichen Alpbeiz. Eine einmalige Aussicht tut sich vor uns auf. Der Abstieg ins Thurtal verläuft, die Churfirsten und den Alpstein vor Augen, über die Alp Buechschittli und weiter zur Oberen Abschlagen, bevor es durch den Wald und über ein schönes Ried zurück ins Toggenburger Doppeldorf Ebnat-Kappel geht.

Route: Ebnat-Kappel–Unterbächen–Oberbächen–Chüebodenegg–Tanzboden–Buechschlittli–Unterabschlagen–Orlen–Ebnat-Kappel

Höhenmeter: 875 m ↗
875 m ↘
Distanz: 14 km
Zeit: 5 h
Schwierigkeit: T2

Die Autorin dankt für die finanzielle Unterstützung:

AVINA STIFTUNG

DÄTWYLER STIFTUNG

ERNST GÖHNER STIFTUNG

KULTUR TOGGENBURG

Kulturförderung Appenzell Ausserrhoden

KULTURFÖRDERUNG KANTON GRAUBÜNDEN

la caura Ziege.Tradition.Zukunft

Tierarztpraxis Thöny

Vallatscha HOTEL · RESTAURANT

Bertold Suhner Stiftung

Carl und Elise Elsener-Gut Stiftung

Comune Acquarossa

Gemeinde Heiden

Dr. Georg und Josi Guggenheim Stiftung

Lienhard Stiftung

MBF Foundation

Pro Patria

Thomas Weber, Zollikerberg

Zauberberg Stiftung

Daniela Schwegler, geboren 1970, ist Autorin, Journalistin und Juristin. Als Redaktorin arbeitete sie bei der Schweizerischen Depeschenagentur (sda), beim juristischen Fachmagazin *plädoyer*, bei der Kirchenzeitung Reformiert und schrieb als freie Journalistin u. a. für die *Neue Zürcher Zeitung, Die Alpen, Beobachter Natur* und das *Migros-Magazin.* Seit 2010 ist sie freischaffend und erreichte 2013 mit ihrem Buch *Traum Alp. Älplerinnen im Porträt* (mit Vanessa Püntener, 5. Auflage 2017) im Rotpunktverlag die Bestsellerlisten. 2015 folgte ihr zweiter Bergfrauen-Porträtband *Bergfieber. Hüttenwartinnen im Porträt* (mit Vanessa Püntener und Stephan Bösch, 5. Auflage 2017). Und mit *Landluft. Bergbäuerinnen im Porträt* (mit Stephan Bösch) rundet sie ihre Bergfrauen-Porträt-Trilogie nun ab. Sie liebt es, Menschen zu begegnen und sie zu porträtieren; in ihrer Freizeit ist sie, wann immer möglich, in den Bergen unterwegs: auf zwei Rädern, zu Fuß, auf dem Pferderücken oder mit den Langlauf- und Tourenski, vom Alpenkamm übers Tian-Shan-Gebirge bis in den Himalaja.
www.danielaschwegler.ch

Stephan Bösch, geboren 1982 in Uzwil, lebt als freischaffender Fotograf in St. Gallen. Seine Arbeitsbereiche sind Reportage, Porträt und Landschaft, vorwiegend in Schwarz-Weiß. Die Fotografie ist für Stephan Bösch ein Mittel, um Geschehnisse, Dinge und Menschen genauer zu betrachten und verstehen zu lernen. Ein Bild zeigt meistens nur einen Bruchteil einer Sekunde, etwas sehr flüchtiges, könnte man meinen. Und doch braucht es sehr viel Vorarbeit, Geduld und Hingabe für jenen kurzen Augenblick. Die besten Fotografien entstehen für mich dann, wenn sich das Streben nach dem perfekten Bild auflöst, wenn man mit dem vollen Bewusstsein bei der Sache und im Moment ist. Das Bild als Endprodukt wird während des Fotografierens zur Nebensache.
www.sichtweise.ch

Frauen am Berg

12 Frauen zwischen 32 und 79 Jahren – in Szene gesetzt durch zahlreiche Reportagefotos – erzählen aus ihrem Leben als Hüttenwartin. Pur, direkt und mit viel Humor schildern sie das Leben mit Wind und Wetter, die große Freiheit dort oben am Berg und die Demut, die er lehrt.

Daniela Schwegler
Traum Alp. Älplerinnen im Porträt

Mit 190 Farbfotos von Vanessa Püntener
und Stephan Bösch
256 Seiten, gebunden, 5. Auflage 2017
ISBN 978-3-85869-668-7, Fr. 38.–/Euro 34,–

Rotpunktverlag.

Archehof Uf em Bode

Obere Muolte

Ufem Bühl

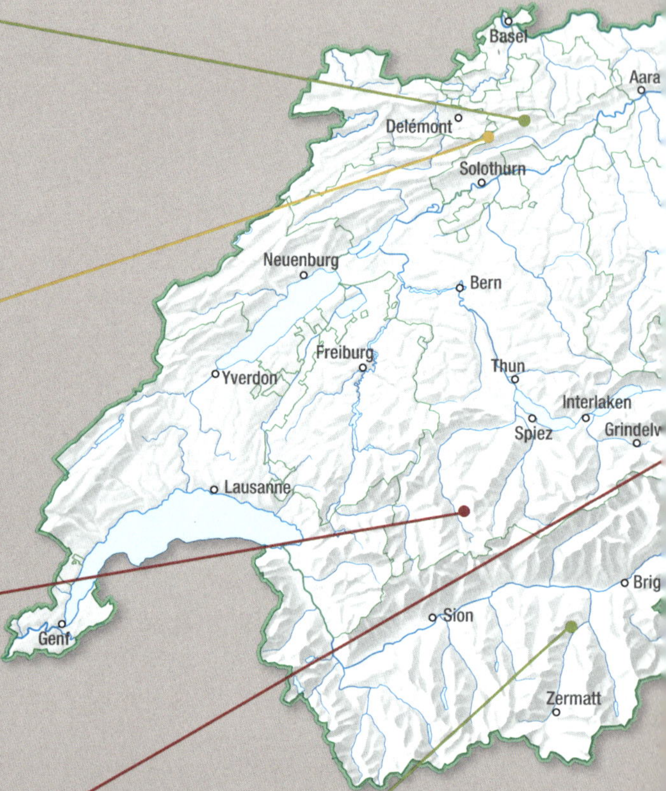

Näcki

Schüfla

Geissherz